THE FRICTION PROJECT

How Smart Leaders Make the Right Things Easier and the Wrong Things Harder

摩擦計畫

史丹佛教授的零內耗管理，
讓正確事變簡單、錯誤事變難

Robert I. Sutton　Huggy Rao
羅伯・蘇頓、哈吉・拉奧——著
蔡丹婷——譯

目次 CONTENTS

PART 1

開場

PART 2

摩擦修復的要素

PART 3

摩擦陷阱：摩擦修復師的干預點

PART 4 總結

推薦序

助你成爲摩擦修復師，職場成功打怪的必勝指南！

公關溫拿　王蜜穜

在《聖經・雅各書》1：2－4提到：「我的弟兄們，你們落在百般試煉中，都要以為大喜樂；因為知道你們的信心經過試驗，就生忍耐。但忍耐也當成功，使你們成全、完備，毫無缺欠。」這段經文提醒我們：試煉會帶來成長，當我們通過困境，信心和耐心也將提升。

讀完《摩擦計畫》後，讓我立刻聯想到了這段經文。職場是我們一生最大的修羅場，雖然充滿試煉，卻也是讓我們更精進，並通往成功的賽道。《摩擦計畫》書中提到了許多幫助我們減少內耗、提升工作效率的具體策略，是一部教導人如何簡化複雜困境的經典之作。不管是企業領導人，或是任何職場人士，都能從中獲得幫助的一本好書。

「有智慧地減少組織內的摩擦、正面看待摩擦帶來的助益，讓正確的事變得簡單」，這正是我二十多年在公關職涯中不段追求的目標。《摩擦計畫》不僅點破了許多職場問題的根源，也提供了具體的解決方案與管理的智慧，加上許多實用的工作哲學、案例給予讀者清晰的做法。閱讀這本書，將幫助你成為零內耗、能將複雜的事變簡單的「摩擦修復師」。

真心推薦這本書給所有努力在職場奮鬥的人，讓它成為你的指引，化解工作中的困境，實現個人與團隊的目標。

（本文作者為資深企業公關、《工作就是在打怪》作者）

推薦序

想贏得人才賽局，從拿捏好摩擦著手

白慧蘭

摩擦，是看不見的效率殺手。

台灣以工時長著名，在亞洲排名第二、全球名列第六。為什麼要苦命加班？因為台灣的職場多為科層式組織，從基層員工發起提案到最終落實，要經過重重的審核，再加上朝令夕改的主管、溝通不良的同事，累積起來成為效率的天敵，讓你加班也做不完。

在工作的流程中，出現一個又一個影響效率的障礙就是摩擦。領導者的責任是要主動地檢視過程中的摩擦點，思考是否有簡化的空間，而不是總用防弊或提升品質當令箭，把流程越加越長。在大缺工時代，如果主管不願意鼓起勇氣砍掉無用的流程，導致知識工作者在無效的工作中喪失成就感，絕對留不住人才。

摩擦也是風險控管的守門員。

本書作者認為，並不是所有的摩擦都該被消除，適度的摩擦反而有助於組織的健康運作。比方說，新創團隊容易過度追求快速結果，可能導致決策草率、風險控制不足。儘管效率很高，但公司倒閉的速度也很快。

太多摩擦不好，太少的摩擦又不行，怎麼辦啊？

作者提出了一個很實際的建議，從細微處著手，逐步地削減不必要的摩擦，而不是一次性地進行大規模變革。

舉例來說，台灣很多企業的會議時間往往冗長且低效，這其實是一種不必要的摩擦。會議不可能不開，但領導者可以教育員工如何開會，建立會議守則，要求每一場會議都必須有議程、預期目標、如何追蹤等確保會議有效的元素，最重要的是，絕對不可以超時。

《摩擦計畫》這本書，我要推薦給所有主管、有志當主管的朋友們看。應該怎麼做個英明的主管，作者提供了一個非常有啟發性的框架。面對新世代工作者對於工作與生活平衡的期待，想贏得人才賽局，領導者必須減少摩擦，讓正確的事更容易完成；增加必要的摩擦，避免錯誤的事發生。提升生產效率必須與改善團隊的工作體驗並重，才能為企業厚植更高的競爭力。

（本文作者為雨林新零售溝通長、《職場神獸養成記》作者）

推薦序

目的決定手段：你想讓一件事變得簡單，還是困難？

黃國瑜（Vince）

經常聽到有人問：「這是對用戶更好的體驗，為什麼我們不做？」不過，真正值得思考的問題是：「現在哪些用戶體驗不夠好？改善它們的重要性在哪裡？最終我們希望達到什麼目標？」

傳統觀念認為，「降低摩擦力」對用戶、組織，甚至個人都有好處。事實上，史丹佛大學教授羅伯．蘇頓和哈吉．拉奧經過七年、研究上千個團隊後，提出了一個新視角：「我們應該區分有益與有害的摩擦，並學會管理它們。」除了減少摩擦力，在某些情況下，「適度增加摩擦力」反而能帶來更好的結果。

我們對「負面摩擦力」非常熟悉──那些無意義、讓人沮喪，甚至阻礙效率的障礙。以報稅系統為例，長久以來困擾著納稅人和國稅局。然而，隨著國稅局在這幾年持續優化用戶體驗，二〇二三年的數據顯示，網上申報件數突破五百七十七萬，相比二〇二二年增長七十五萬件，年增長率高達一五％。這是因為流程減化後，負面摩擦力減少，納稅人的申報意願提高。申報錯誤率也降低了，讓報稅更有效率。

但「正面摩擦力」有時是必須的。這類摩擦力創造了有益的挑戰，促使人們停下來思考，提升承諾，甚至增加價值。例如：急診室的醫生經常使用超音波來診斷腹痛，但事實上，還有其他更準確的工具可以診斷。為了減少不必要的超音波檢查，醫院引入了「摩擦力」，迫使醫生重新評估病患是否真的需要這項檢查。結果不僅縮短了患者的等待時間，還為醫院節省了二十萬美元的費用。

如果你正在為組織發展、產品設計或團隊溝通感到困擾，《摩擦計畫》這本書值得一讀。它不僅適用於組織管理，對於任何希望在工作與生活中減少阻力、提升效率的人而言，都是一本寶貴的指南。讓我們一起成為「摩擦修復師」，讓正確的事變得更容易，錯誤的事變得更困難。

（本文作者為KKTV總經理、KKCulture產品長）

推薦序

世間安得雙全法？破解好／壞的摩擦

愛瑞克

兩位作者經過七年的努力，把實務業界最頭痛的組織效能問題，針針命中要害、一一破解，透過幽默而流暢的筆觸來呈現，讓我讀來滿是驚喜！我幾乎讀遍了每年新上市的商管類書籍，相信《摩擦計畫》可以解救許多受內耗之害的職場工作者，是上選之作！

工作和生活中，我們總會遇到許多浪費我們時間、耗損我們精神和專注力的事情或繁文縟節，最恐怖的是，掌權的人（或制定這些規範要求的人）不知改進。所以，當書中提到「誰是你們公司中最有權勢的人？」最多人回答是「可以光明正大浪費你時間的人。」令讀者很有感，既想哭又想笑。此書以最實務、又幽默的方式，一一點出組織中「壞的摩擦」，提供具體有效的解決之道。

但是，一定要先區分「壞的摩擦」與「好的摩擦」。此書強調，一味地消除所有摩擦，變成一個「無摩擦組織」是錯誤的做法，因為有「好的摩擦」將可提高某些事情的成效，創造出卓越不凡的作品，或者避免某些嚴重錯誤的發生。

兩位作者並非「形而上」的高談闊論者，而是很能「接地氣」的務實主義者，這也是此書最令我感到驚豔之處！學院派的作者們往往過於理想主義，著作缺乏實作方法步驟而難以落地；反之，企業家著作相對缺乏扎實而廣泛的研究基礎，一家之言難免以偏概全。此書顯然是兩面皆鋒利的寶劍，足以令人信服。

總結此書有三項最我喜愛的特質：

一、案例充足：實用性越高的書，會提供夠具體的實際案例，幫助讀者辨識、理解、執行、內化。

二、方法明確：「空談家」總是可以提出許多的意見，卻無法實際解決問題；此書不空談、很實際、給方法。

三、幽默風趣：有別於學院派的作者們常以複雜的理論、難懂的專業術語，再加上冗長的語句來陳述；此書完全不走學院派路線，而是流暢好讀的親民路線。

此書不僅提出新觀念、新做法，應用範圍廣泛，令我耳目一新！作者的闡述方式與書本編排架構，都令我喜愛，相信您只要隨手翻閱其中幾頁，也可能會喜歡上這本書！

（本文作者為TMBA共同創辦人、《內在成就》系列作者）

推薦序

識別並修復組織內部摩擦，讓正確的事情更容易完成

劉俊成

大部分的組織不是餓死的，而是撐死的。當組織成長時容易不斷添加人員添加章程，整個組織的運作開始變得太過臃腫，太多摩擦。好的人開始慢慢離開，新加入的人又加入了更多的規矩和流程，進而產生更多摩擦。不懂得做減法、「Keep It Simple, Stupid」（KISS）簡約原則，而不斷地疊加（KEEP），只會讓原本高效的組織變得處處都是摩擦，寸步難行。

另一方面，有些領導過度追求速度、過度授權，結果反而失去了必要的摩擦，結果可能在財務上產生很大的漏洞，到時百口莫辯，一樣難辭其咎。

這本書提出的「摩擦鑑識」和「幫助金字塔」的概念，可以有效地幫助讀者「識別」並「修復」組織內部的摩擦，讓正確的事更容易完成，同時阻止錯誤發生。此外，透過分析五種常見的組織陷阱，讓不知人間疾苦和過度追求速度的領導人避免和

克服這些挑戰。

面對生活挑戰的人，本書將啟發你成為一名「摩擦修復師」，學會如何有效管理和利用摩擦，進而提升工作效率和生活品質。它不僅提供了理論基礎，還包含了豐富的實例和具體建議，是一本值得一讀的啟發性作品。

（本文作者為 Xelerate Ventures 創辦人兼總裁、前特斯拉亞太科技長）

好評推薦

人們常把正確的事想得太複雜而失去執行力，或者把錯誤的事做得太快，《摩擦計畫》就是組織行為的解藥。《摩擦計畫》教會我用不同眼光看待團體工作的方式，一旦你開啟那隻眼睛，就能迅速地理解並管理團隊產生的摩擦問題。

——鄭匡寓，博威運動科技總編

「成功不在於你做多少，而在於你可以多滑順的一路向前。」這是我跟創業者分享經營管理時，很常分享的。

我最常講的就是「領導者要剔除組織的摩擦阻礙」才能成大事，當我看到《摩擦計畫》的時候，真的是覺得全部的組織經營者、創業者、父母，或是任何對自己有期許的人，都需要好好看一看。簡單的觀念，打通就受益無窮！

——馬克凡 Mark.Ven Chao，《關鍵思維》作者、IMV品牌執行長這是診斷和解決組織問題的終極指南。沒有人比這兩位專家更了解如何讓工作變得更好，他們撰寫了一本非常有洞見、吸引人、有實證基礎又可實行的著作。如果每一位領導者都認真對待本書中的觀點，世界就會變得更富有成效，沒那麼悲慘。

——亞當．格蘭特，《逆思維》作者

摩擦無論好壞，都是組織中最重要但最不為人所知的元素。如果處理得當，你的團隊一覺醒來就會興高采烈地投入工作。如果處理不當，你就會讓每個人都痛苦不堪，削弱他們實現願景的能力。羅伯．蘇頓和哈吉．拉奧在過去幾年來研究了各種公司摩擦問題的原因和解決方法。他們精煉出自己的經驗教訓，幫助你和團隊在公司中把正確的事情變得更容易，把錯誤的事情變得更困難。每一位高階主管、投資者、董事會成員和領導者都應該購買《摩擦計畫》。

——里德．霍夫曼，領英共同創辦人

這是一項了不起的成就。蘇頓和拉奧證明，摩擦是組織失敗和成功的祕密關鍵。本書充滿實用建議，會使世界變得更美好。

——凱斯．桑思坦，《推出你的影響力》作者蘇頓和拉奧為我們提供了無數的智慧結晶，每一個都是無價之寶，他們將管理重塑為一門藝術，讓事情能順利完成，還避免不必要的掙扎。他們從經典著作和最新研究中汲取了重要的見解，提出令人信服的觀點，強調摩擦應該成為關注的重點，還提供無數可以應用在工作上的實用建議。我保證，他們深具人性的論點會贏得你的心，改變你的行為，並徹底轉變你的公司。

——艾美・艾德蒙森，哈佛商學院諾華領導力與管理學教授、《正確犯錯》作者

這是一本充滿活力的指南……厭倦參加不必要會議的讀者一定想看看這本書。

——《出版人週刊》

如果你夢想解放自己的員工和組織，讓他們把時間聚焦在真正重要的事情上，《摩擦計畫》就是為你準備的書。現今，我們比以往任何時候都更需要靈活、創新、以客戶為中心和人性化的組織。正如蘇頓和拉奧在他們精采的新書中所說的，消除不必要的摩擦是這項追求的核心。

——艾米妮亞・伊貝拉，全球五十大管理思想家之一、《破框能力》作者

減少摩擦，組織就能更快發展，更具創新性，並提高生產力。《摩擦計畫》是各行各業人力轉型時期的「操作指南」。

——朵娜．莫里斯（Donna Morris），沃爾瑪執行副總裁、人事長

領導者是摩擦修復師，這個觀點非常有震撼力。他們的工作就是消除障礙，幫助團隊做出決策，產生影響，無論是透過消除阻礙進展的摩擦，還是引入摩擦來促進辯論和取得更好的成果。蘇頓和拉奧在《摩擦計畫》中提出的見解，為各層級領導者提供了重要的工具和實際案例，幫助他們認識到這兩種摩擦在組織成功中扮演的角色。

——山塔努．納拉延，Adobe 執行長

這是一本極具啟發性的好書。身為企業領導者，我從沒想過領導者是「摩擦修復師」。《摩擦計畫》指出了什麼情況下摩擦是可取的，什麼情況下摩擦是不可取的。書中有大量來自不同組織的真實案例，講述他們面對的摩擦，最重要的是，摩擦修復師是如何實踐他們的技藝。

——薄睿拓，全球最大啤酒商百威英博執行長

閱讀這本開創性的著作時，我想像了這樣一個未來：每一位領導者都能消除不良摩擦，利用良好摩擦來建立更好的組織。每位管理者都必須來讀《摩擦計畫》，了解如何透過摩擦視角進行領導，以及如何利用蘇頓和拉奧提供的實用解決方案，創建高效、創新和充滿關愛的工作場所。

——采黛爾．尼利，《遠距工作革命》作者、哈佛商學院工商管理學系教授

你是否讓錯誤的事變得毫不費力、讓正確的事變得困難重重？蘇頓和拉奧帶我們以輕鬆有趣的方式見識了糟糕的電子郵件、令人惱火的訂閱和迷宮般的招聘流程，並告訴我們如何解決這一切。這本書令人愛不釋手，是值得細細品味的商業書。

——提姆．哈福特，《亂，但是更好》《臥底經濟學家的10堂數據偵探課》作者

我發現自己所到之處都充滿了真正關心公司利益的人。蘇頓和拉奧說明了，關注哪些摩擦有幫助和無益的領導者如何為這群人提供正確的工具，建立信任，並因此取得驚人的進展。

——艾德．卡特莫爾，皮克斯共同創辦人

領導者在消除和管理摩擦問題上所扮演的角色，對於建立能夠在正確時機加快或放慢發展的公司來說，至關重要。蘇頓和拉奧用富有洞察力的故事和可行的經驗來破解這項挑戰，你一定不能錯過。

——史宗瑋，Salesforce雲端服務部門執行長

PART 1

開場

前言

爲什麼摩擦有好有壞，以及如何修復摩擦？

某個週一早上九點十四分，咖啡都還沒開始發揮作用，一封共一千兩百六十六字的電子郵件（不包括附件的七千兩百六十六字），就出現在我們的收件匣。❶這是史丹佛大學副教務長發送給兩千多名教職員工的信件，邀請我們在當週週六出席會議，一同集思廣益，為新成立的永續發展學院擬定使命。我們很喜歡這所新學院，也很樂意（至少一開始是的）挪出一個週六的時間來幫忙打造這項使命——這對我們的學生、教師和地球都很重要。但這封電子郵件惹惱我們了，讓我們對寫這封郵件的大佬召集的會議心存疑慮，因為信件內容冗長、重複、混淆，還充滿了對過去挑剔批評的防禦性回應。儘管信裡客氣地說知道大家有多忙，但為了解讀這封信所耗費的時間，仍遠超乎我們的預期。

其實只要稍加編輯，這封信就能縮減至簡潔的五、六百字，附件也能減到兩千字左右。這樣省時又省心，領導人的名聲不會受損，也會有更多史丹佛教職員出席週六的會議——包括我們。

任何曾以員工或客戶的身分跟組織糾纏過的人，應該都曾有某個片刻或某一天、甚至是連續數月或數年，覺得設計和管理這個組織的老大，根本不尊重底下人的時間。在碰到一些似乎存心想逼瘋人，而不是提供我們需要的簡單答案、服務或退款的體制時，很多人也會有同樣的感慨。還有那些讓人度日如年的會議，不但議程不明確，還不知所云地拖上好幾小時。或者你不得不和一些曾經有意義，但現在已經過時、沒意義又沒效率的規則、程序、傳統和技術纏鬥，讓人恨得想揪頭髮。所有這些都是摩擦，會蠶食我們對工作的主動性、投入和熱情。摩擦也會傷害我們的同事和服務的對象，因而損害組織的生產力、創新和聲譽。

這是壞消息。好消息是，有很多對策可以減輕摩擦問題造成的損害，進而減少或消除此類麻煩，甚至根本不讓摩擦有冒頭的機會。無論你能影響的是一、兩個人，或是成千上百人，每位領導者都可以成為解決方案的一部分。

本書主要探討使組織達標變得更難、更慢、更複雜或完全不可能的力量。我們會探討為何與何時這種摩擦是有破壞力或有益的，或是好壞參半。最重要的是，我們會探討如何像摩擦修復師一樣思考和生活，讓正確的事情變得更容易，讓錯誤的事情變得更困難，不讓工作把人壓垮或逼瘋。

之所以稱它為「摩擦計畫」，是因為過去七年裡，我們全心投入這項計畫，傾盡所能地了解摩擦問題的原因和解決方法。我們的最終目標，是幫助領導者打造原生計畫，量身訂做能解決自家組織問題的摩擦計畫。

太多壞的摩擦

我們之所以展開這段旅程，是因為被太多摩擦陰暗面的故事和研究淹沒了。我們不斷遇到因生活中的組織，而感到沮喪、惱怒和疲憊不堪的人們。不管我們原本打算在研究訪談、隨意談話、課程、研討會和演講中涵蓋什麼內容——規模化、創新、領導力、職場混蛋，或是重塑人力資源——人們總是在談這些讓人身心俱疲的障礙和侮辱。以下是幾個例子：

- 一位醫療保健公司的執行長，用大量冗長、枯燥且複雜的電子公文轟炸數千名員工，因此員工給他取了一個綽號叫「太長不讀博士」。

- 一份多達四十二頁、又臭又長的福利申請表格，每年影響兩百五十萬申請兒童保育、食品和醫療保健福利的密西根州居民。❷ 這份表格全長一萬八千字，共有一千多個問題，是美國最長的福利申請表格。但大部分問題都是不必要且冒犯的，甚至根本就無禮至極。為什麼州方需要知道小孩的受孕日期？
- 一年三十萬小時。這是某家大型公司的執行委員會成員及其下屬，花在準備每週會議上的時間。❸ 貝恩管理顧問公司發現，該公司每週要召開超過一百五十場相互關聯的準備會議，而且還要開個預會，向每位執行委員會成員簡報，然後才正式召開每週執行委員會會議。接著下週再走一遍循環。
- 一位煩透了的生物技術公司客服專員示範給我們看：她光是為了服務一名客戶，就得在公司發放的十三吋筆記型電腦螢幕上，吃力地切換至少十五個應用程式和二十個視窗。她是失控ＩＴ主管的受害者，他們添加了越來越多的應用程式來「幫助」專員完成工作。她的公司採用了太多效率工具，反而導致員工效率低落。

「可以光明正大浪費你時間的人。」六十名能源公司高階主管在一連串抱怨和笑聲後一致認為，這是對我們的問題「誰是你們公司中最有權勢的人？」的正確答案。

這些關於摩擦的恐怖故事聽起來很真實，因為我們任職的史丹佛大學，有時也會讓我們抓狂。冗長又彎彎繞繞的電子郵件只是問題之一，更讓我們飽受折磨的是枯燥無比的會議、壓迫性的規則，以及規則狂人為史丹佛大學的資金籌集和支出設置的種種荒謬障礙，還有教師招聘和晉升的繁瑣規定。

舉例來說，在二〇二一年，為了評估一位教授同事的晉升，委員會需要建立一份一百一十三頁的文件。其中包括我們從學者和歷屆學生那裡蒐集來的二十七封推薦函。此外，為了符合審查和批准該文件的人要求的一大堆令人眼花繚亂的規則、傳統和古怪偏好，我們和史丹佛大學的行政人員還必須一遍又一遍地編輯數千個文字和數字。我們參加了大約十多次會議，並發送了至少兩百封電子郵件。就像一位同事說的，這還是「近幾年來最簡單的史丹佛大學晉升案」。

一位深受其害的惠普公司經理，總結了我們在此類事件中的感受：「我在一片屎海中掙扎，只能想著別沉下去就好。他們希望我表現得積極主動，這是不可能的事。」我們並不孤單。每個職場都充滿了破壞性的摩擦——讓人沮喪並降低績效。

我們著手研究這項挑戰，想知道是否能為摩擦問題提供一些解決方案。我們對一些苦於摩擦問題的公司進行了案例研究，包括阿斯特捷利康製藥、Uber 和捷藍航空等。我們進行並參考其他學術研究，教授了數十門課程和工作坊，開發了摩擦問題的解決方案——包括與亞薩那工作創新實驗室（Asana's Work Innovation Lab）合作開發的「會議重設」工具，用來幫助人消除和改進糟糕的會議。❹

好的摩擦不夠多

我們很快就發現，成為「無摩擦組織」的目標是錯誤的。是的，大多數組織的管理者都會製造太多負面摩擦。但許多人也忽略了硬幣的反面，讓員工和顧客太容易做出錯誤的事。我們當然喜歡輕鬆簡單，就像從 Lyft 或 Uber 叫車、從 Airbnb 訂房或從亞馬遜公司訂購商品。但有時組織應該讓事情變得更難或不可能完成。

這正是六歲的布魯克・奈澤爾（Brooke Neitzel）的父母對亞馬遜 Echo Dot 智慧音箱的感想。布魯克問這個聲控裝置：「Alexa，你可以和我一起玩娃娃屋嗎？能幫我買個娃娃屋嗎？」❺ Alexa 這個最無摩擦的裝置，立即確認一筆價值一百六十二美元的 KidKraft Sparkle Mansion 娃娃屋訂單，第二天就送貨到家。可想而之，布魯克對事件的轉折興奮無比，她宣布自己愛上這位虛擬朋友，她的父母可就沒那麼興奮了。

不受約束又過度自信的領導者，如果愛上有缺陷的想法，可能會比布魯克浪費更多錢，因為沒足夠的組織減速阻礙，防止他們將不成熟的創意推向市場。二〇一一年，Google 共同創辦人謝爾蓋．布林就是這樣，當時他深深著迷於酷炫的 Google Glass 原型——一款內建攝影鏡頭、麥克風和螢幕的穿戴式智慧眼鏡。[6] 結果就是一個用花錢代替思考的經典案例。儘管 Glass 開發團隊抗議，說它還是一個未完成的原型，但謝爾蓋仍舊大張旗鼓地將它推向市場。根據《紐約時報》報導，在二〇一二年的 Google 開發會議上，「戴著 Glass 的跳傘運動員降落在禮堂頂部，騎著自行車衝過屋頂進入會議廳後，現場歡聲雷動」。

然而，等大眾開始試用這款眼鏡，現實就開始打臉。Glass 不斷爆發問題，包括硬體和軟體錯誤、電池壽命過短，還有未解決的隱私問題。技術評論家認為它是「有史以來最糟糕的產品」。如果經過更多的思考和開發，原本可能成為下一個必備設備的 Glass，迅速降格成不酷的化身，就連謝爾蓋沒多久也不再戴了。Google 將這個產品下架，開發團隊中幾位氣憤尷尬的成員也辭職了。問題不在 Glass 原型，而是在於組織讓躁進又大權在握的謝爾蓋，太容易在錯誤的時間做錯誤的事情。

消除創新過程中過多的摩擦，還存在其他危險。我們曾經聽過一位迪士尼高階主管抱怨，公司在開發樂園的新遊樂設施和新電影上浪費了太多時間和金錢——流程效率極低，需要簡化。然而，根據大量研究指出，要想正確地進行創意工作，團隊需要放慢速度、掙扎並提出大量糟糕的點子，才能找到難得的好點子。在皮克斯共同創辦人艾德．卡特莫爾擔任總裁的三十二年裡，皮克斯製作了一系列熱門電影，包括《玩具總動員》和《超人特攻隊》系列。艾德認為，如果皮克斯聽取這位高階主管的建議，那無異於殺雞取卵。他寫信給我們說：「我們的目標不是效率，而是做出好作品，甚至是偉大的作品。我們迭代七到九次，這個過程中存在摩擦。」❼

組織也應該讓領導者的經營管理更難追趕流行。一家大型保險公司的經理人不堪其擾地告訴我們，他的執行長「愛上每一種當月風格，以及每一位推銷這些風格的顧問」。這位經理人接受過設計思維、精實創業、敏捷管理和數位轉型等方面的培訓，上司希望他能全部用出來。結果他花了太多時間參加培訓課程、工作小組會議，以及與同事一起琢磨「我們的上頭主管想聽到的廢話」，幾乎沒什麼時間做本職工作。這些頂頭上司和謝爾蓋．布林差不多，讓員工太難完成工作。

即時通訊軟體 Slack 和 Zoom 這類目的在消除摩擦的技術，也讓「不知人間疾苦」的領導者，太容易與同事和客戶進行冗長又彎彎繞繞的溝通。我們聽到許多像「太長不讀博士」和我們的副教務長這類高階主管的故事，他們沒有意識到或不在意，經由科技輔助下的喋喋不休對同事帶來的負擔。在一些職場，經理人大幅利用科技讓自己的工作變得更輕鬆，卻讓其他人的工作變得更困難。在過去，行政人員幫醫生、律師和科學家處理批准預算、費用和時間表等繁瑣事務，現在他們使用軟體將這些雜務丟回給他們曾經服務的人。亞利桑那州立大學的巴里・博茲曼表示，你我當中有越來越多人陷入這種「機械官僚主義」（robotic bureaucracy）❽的泥潭——這些電腦生成的無情行政要求，造成「因一千個十分鐘任務而致死」。

當組織消除太多摩擦時，溫暖、關懷和人際關係也會隨之轉淡。荷蘭大型連鎖超市珍寶（Jumbo）的領導人發現，許多年長顧客很喜歡與收銀員的短暫互動，而且由於許多長者平時過於孤獨，他們還覺得這樣的對話太簡短了。❾然而，隨著越來越多的荷蘭商店使用自助櫃檯，讓顧客自行掃描購買的商品，超市購物體驗變成完全不需要與人互動。珍寶響應荷蘭政府針對老年人的「對抗孤獨運動」，試著在一家門市為那些不趕時間、想與收銀員聊天的顧客，提供「慢速結帳通道」。這項實驗非常成功，現在有兩百家珍寶門市設有慢速通道。

想讓組織、團隊和個人之間培養出深厚的承諾和感情，需要的時間和精力，要遠比停下來幾分鐘聊聊天多得多。要建立牢固又持久的依附，需要投入大量時間掌握能讓社會制度和人際關係順暢的細微之處。因此，就像美國至上女聲三重唱那首金曲老歌歌詞所說：「但是媽媽說你無法催促愛。不行，你只能等待。」消除太多的摩擦也可能是個錯誤，因為從軍事訓練營到組裝宜家產品的各種研究都指出：「辛勞會帶來愛」。❿人在某件事上付出越多，遭受的痛苦越多，就越重視它（無論其客觀價值如何），因為我們需要向自己和他人合理化這些付出。

我們爲何寫這本書

簡而言之，摩擦問題會浪費優秀人才的熱情、損害健康、扼殺創造力和生產力——並消耗公司現金和其他寶貴資源。所有組織，即使是最著名和最成功的組織，有時也會讓正確的事情變得太難，卻讓錯誤的事情變得太容易。

遺憾的是，正如我們所呈現的，這些邁向卓越路上的障礙可能會惡化，因為有能力解決的人不知道有這些問題或並不在意。有些領導者知道他們的組織深受這些弊病的困擾，職場裡的所有人也都知道這些摩擦問題會造成損害。然而，沒有人被指派、獎勵或覺得有責任修復這些無主的問題。就像有位兼行政的醫生向我們抱怨，她所在醫院的病人等待時間太長，資訊系統太糟糕，以及科室之間的合作少得可憐。當我們問這位領導人，誰該負責解決這些問題時，她的回答是她不確定，但應該不屬於任何人的職責，這不是她的錯，而且她也不知道誰（如果有的話）該受到責怪。

有些時候，彼得・杜拉克說的似乎沒錯：「我們所謂的管理，大部分都是讓人更難完成工作。」⓫

我們寫這本書是因為情況可以不是這樣。

序　章

我們的摩擦計畫

堵塞我們大學的荒謬障礙，以及聽到、讀到在許多其他組織中讓人受苦受累的愚蠢行為，使我們感到沮喪與憤怒，進而促使我們展開這場冒險。在過去的七年裡，我們傾盡全力研究組織中摩擦問題的成因、後果和補救措施。我們編目分類摩擦出現的形式，以及使領導者製造和堅持破壞性障礙的力量——還有他們在何處與為何沒能添加有用的減速和停止措施。當深入探索這些研究和故事時，我們的絕望開始消退。因為好消息比我們預期的還要多。

組織中用來避免和消除摩擦問題的有力語言、信念和工具，令我們深受鼓舞。我們也欣見許多有能力的人，在創造、尋找和整合應對此類挑戰的解決方案。我們稱這些人為「摩擦修復師」。當然，這些人當中有些是高階管理人員，本來就對數百或數千人有正式責任。但這不代表其他人就沒事了，因為光靠少數頂層人物的作為還不夠。這些摩擦修復師包括中階管理人員、小組長、教練、飛行員，以及電影和戲劇導演。還有一些人可能被貼上「個人貢獻者」（individual contributor，簡稱ＩＣ）的標籤，但他們也是領導者，因為自己承擔修復職場並徵召其他人加入他們舉措的責任。

所有摩擦修復師的相似之處在於，他們都是從自己所在的地方開始，利用他們可以聚集的所有影響力、才能、金錢和工具來改善自己的職場。他們把與好壞摩擦的搏鬥當成分內的事，而不是看成應該由其他人負責的無主問題（但事實並非如此）。他們是那種會撿起別人丟下的垃圾的人，而不是忽視它或認為總有別人去撿。

《摩擦計畫》還提供了基礎方法，幫助你成為摩擦修復師。成功的關鍵是學習像摩擦修復師一樣思考和行動，**以及**激勵其他人與你打造組織，一起一天又一天地想像、辯論和執行變革，讓正確的事情變得更容易，讓錯誤的事情變得更困難。

我們在過去七年中，學習和分享有關摩擦修復想法的方法如下。身為學者，我們本能地會去撰寫並編目學術研究、案例研究和實用文章。舉例來說，我們追蹤了一家軟體大公司近兩千支敏捷團隊，尋找有助或阻礙效率的因素。❶拉奧還參與了一個研究小組，試驗「新創企業的預先協議」。❷他們創建了三百四十八個遠距團隊，並要求每個團隊制定健康產品的商業計畫。如果團隊成員把第一次會議用來撰寫「預先協議」或章程，也就是把團隊角色、規範、規則和價值觀等共識白紙黑字寫下來，而不是一股腦地展開工作，這些新團隊就能提高績效。如此一來，成員就不會陷入誰該做什麼、什麼是好行為、何者是壞行為的混亂和衝突，而是已經準備好衝刺與發展他們的商業計畫。

我們也撰寫了有關摩擦修復方案的案例研究，以及領導者可以從中汲取的經驗教訓。我們記錄了阿斯特捷利康這家全球性製藥公司如何透過推廣簡單化，省下兩百萬小時。❸必和必拓（BHP，澳洲一家大型礦產和能源公司）的新任執行長如何透過一開始放慢腳步，告訴員工「我們今天什麼都不做」，扭轉了公司的局面。❹還有Uber如何因為高階主管沒有放慢速度與協調數百個快速行動的工程團隊而陷入大麻煩，以及他們如何亡羊補牢，努力踩剎車並償還由此產生的技術債和組織債。❺

我們的文章和實用建議引發的迴響透露出，各個國家和各種組織的人都深受摩擦問題的困擾，並渴望找到解決方案。我們為《華爾街日報》撰寫了四篇文章，其中一篇〈老闆如何浪費員工時間〉，一發表就成為當天下載次數最多的文章。❻我們為Gallup.com撰寫了一篇摩擦相關的文章：〈團隊太多，老闆太多〉❼，也為《泰晤士高等教育》撰寫了一篇文章：〈我們的待辦事項清單不能無限增長，該嘗試減法的時候了〉❽。我們發表在領英上的文章：〈為什麼工作變得不可能完成〉❾和〈如何結束一場會議？〉❿——每一篇的瀏覽次數都超過十萬，並有四百則以上的留言。在《哈佛商業評論》發表的文章：〈會議超載是一個可以解決的問題〉⓫，為我們協助開發和測試的「會議重置」提供了一個「指南」。這類文章的研究和寫作，幫助我們完善了本書中所介紹的方法。

經典管理著作著墨了多種樣貌的摩擦問題，也為我們的計畫提供歷久彌新的指導。西里爾．諾斯古德．帕金森在一九五七年出版的著作《帕金森定律》中，提出了「無效率係數」：一旦委員會成員超過八名，每增加一名新成員，效率就會降低，一旦達到二十名，就會變得毫無用處。帕金森觀察到，即使如此，領導者還是忍不住增加更多成員。⓬佛瑞德．布魯克斯在一九七五年的經典著作《人月神話》中，也得出了類似的結論。⓭布魯克斯帶領了ＩＢＭ史上最大的兩個電腦硬體和軟體專案：第一個開發了具代表性的３６０大型主機硬體系統，第二個開發了在這些電腦上運行的大型ＯＳ／３６０軟體系統。布魯克斯觀察到，當專案進度落後時，領導者通常會增加更多人手想趕上進度，但新人磨合和協調更多人員所花費的精力，反而使落後的專案拖得更晚。

許多當代著作都在探討摩擦，而摩擦更是我們計畫的核心。例如：凱斯．桑思坦的《淤泥效應》。⓮桑思坦說，這本書源自他在歐巴馬政府期間執掌領導白宮資訊和監管事務辦公室時，試圖減少政府文書工作的挫敗。桑思坦承認，他對這個問題的施力太少，而且太晚了——儘管減少文書工作是他辦公室的責任。《淤泥效應》裡探討了「什麼阻止我們把事情做完」，以及「淤泥效應稽核」如何追蹤和促動改變，書中還提出了解決方案，包括減少法院、國會和聯邦機構文書工作的法規。潘蜜拉・赫德和唐納德・莫伊尼漢撰寫的《行政負擔》，深入探討了糟糕的政府官僚機構、文書工作和複雜的法規等問題。⓯他們記錄了這類淤泥、磨難和繁瑣規定所造成的傷害，特別是對於低收入、無權無勢和弱勢群體。他們提出了一系列有實證基礎的解決方案供決策者可以實行，進而減少此類負擔所衍生的學習、屈從和心理成本，例如：允許需要與公務員面談的民眾除了親自前往，也可利用網路或電話訪談。

我們非常喜歡雷迪・克羅茲的《減法的力量》，書裡探討「少的科學」，也是本書第5章「加法病」的靈感來源。⓰找到雷迪後，我們一起為《泰晤士高等教育》的一篇文章發展思路，探討學院和大學可以如何運用減法。我們提出了「減半規則」：這是一個思想實驗，先將一些負擔減少五〇%（例如：常務會議的次數和長度、求職者所需的推薦信數量或每封信的長度），停下來煩惱一會兒，再添加回**真正**需要的內容。⓱我們也從一些著作中了解到如何讓事情變得更難、更慢，比如曾任教瑞典隆達大學的諾達爾・阿克曼所編的《摩擦的必要性》，這本論文集探討了阻擋、延遲和停止行動的優點，涵蓋經濟學、組織理論、物理學和人工智慧等領域。⓲

我們為不同受眾，舉辦了一百多場關於摩擦的課程和工作坊，包括為來自三十五個國家的七百名高階主管舉辦史丹佛線上網路研討會、為二十四名史丹佛學生舉辦的引領創新課程、為八百五十名Google行政助理舉辦的虛擬導覽、為八百名微軟高階主管舉辦的兩場「論壇」、為博隆能源高層團隊舉辦的工作坊、為七十名卡夫亨氏高階主管舉辦為期一週的課程、為一家大型金融服務公司的八十名高層領導舉辦的靜修會，以及為一百名信用合作社的高階主管舉辦的兩場摩擦工作坊。這些聚會讓我們洞察到最耗弱心神的痛點，並讓我們樂觀地認為，一旦摩擦的概念為人所知，人們就會熱情地尋找解決方案。

一家大型連鎖餐廳的總裁，將他二十五年來參加的高階管理層週會，形容為一連串儀式化的「歌舞伎舞蹈」，高階主管在週會上重新審視先前會議上做出的決定，重申相同的論點，最後決定維持原議。其他團體則笑談「領導痢」（leadershit），還有「PowerPoint水刑」「一氧化碳術語」「趕流行的管理」「規則狂」「開會開到死」「惡意遵守愚蠢規則」，以及把客戶放進「蟑螂屋」（申請訂閱或服務非常容易，但很難或不可能終止）。正如我們在第3章所說，這種黑色幽默可以幫助人提出不舒服的話題、釋放緊張情緒，並建立社交連結。

等參與者大吐苦水又拿自己的痛苦開玩笑以後，他們就能準備好往前走，進行摩擦修復了。在一家金融服務公司的靜修會上，我們討論了「加法病」如何阻滯工作，並鼓勵在場的八十名高階主管腦力激盪，討論他們應該消除的障礙。令我們驚訝的是，執行長跳出來說，只要能在下個月的業務中減少至少兩項例行公事、技術、會議或職責，就能得到五千美元的獎金，每位主管都有機會。我們幫執行長追蹤了這些高階主管的進展：八十名高階主管幾乎所有人都拿到這筆獎金，部分原因是，在那一個月當中，執行長都在表彰那些擺脫兩個以上障礙的高階主管（「恭喜桑德拉，她剛剛贏得了五千美元！」），同時還叨念那些落後的人（「嘿，湯尼，你還沒有用上減法，怎麼了？」）。

在我們為信用合作社舉辦的工作坊結束之後，該業界的研究機構菲林（Filene）的工作人員，花了幾個月撰寫出五千字的「摩擦宣言」。⓳此外，正如我們在《哈佛商業評論》中寫到的，索爾．古都斯（Saul Gurdus）和伊麗莎白．伍德森（Elizabeth Woodson）在修讀我們的引導創新課程時，花了大約一個月的時間幫助加州一家社會服務機構的行政人員，找出民眾與摩擦相關的痛點。⓴尤其是申請服務的人所經歷的拖延和絕望。在該機構各自為政部門之間打轉的過程漫長且無法預測，這些民眾表示「等待」「還在等待」「電話沒人接」，並感到「沮喪」「像隱形人」「無助」，以及「這太難了」。之後索爾和伊麗莎白花了大約六週的時間與行政人員合作，改善跨部門的溝通，減少了民眾的困惑和沮喪，使他們能夠更快獲得服務。

一年後，在同一個課程上，我們認識了來修讀的麥可．布倫南（Michael

Brennan）。他原本是東南密西根州聯合勸募（United Way for Southeastern Michigan，社會服務組織）執行長，暫時抽身來史丹佛大學設計學院學習——我們在那裡教授以人為本的設計。之後麥可離開了聯合勸募，與他在史丹佛大學認識的另外兩名學生：亞當和莉娜・塞爾澤（Adam and Lena Selzer）夫婦，一起創辦了位於密西根州的非營利設計公司公民村（Civilla）。以亞當的說法，他們專注於「消除機構中的摩擦，並以更人性化的方式取而代之」。㉑

公民村最早展開的工作之一，就是與密西根州的高層領導人、第一線人員及民眾合作，修改我們前文提過的多達四十二頁的可怕福利申請表格。他們稱這個專案為「改革表格計畫」（Project Re:form）。㉒重新設計的福利申請表格縮短了八〇%，減輕了每年超過兩百萬民眾和數千名政府員工的負擔。新表格推出後，申請量增加了一二%。然而，員工需要糾正的錯誤卻少很多，前往衛生與公共服務辦公室尋求幫助的民眾也更少，大廳來訪量因此下降了五〇%。

我們也從自己的 Podcast 節目《摩擦》中學習和分享課程，這一系列的 Podcast 是與商界領袖和學者進行的二十二場對話，由史丹佛科技創業計畫製作。㉓我們的來賓包括歷史學家兼哈佛商學院教授南希・科恩、暢銷書《精實創業》的作者艾瑞克・萊斯㉔，以及製片人雪莉・辛格（Sheri Singer），她製作過四十多部電視電影，而且每部電影的拍攝時間都是二至三週，包括《女巫一族》和《啦啦隊之死》。我們還訪談了餐廳老闆安妮和克雷格・斯托爾（Annie and Craig Stoll）夫婦，他們在舊金山地區經營 Delfina 披薩連鎖店。

一路走來，我們建立了一個由從業者、研究人員和學生組成的龐大網絡，他們教導我們摩擦修復的曲折、假象和陷阱。他們使用、幫助開發、完善和批評了本書中的許多想法和工具。

本書集結了我們在這趟冒險中所挖掘出最精采的故事和研究，以及（最重要的）解決方案。親愛的讀者，我們的重點內容在於，幫助你了解摩擦修復師如何思考並使出他們的技藝，進而幫助你也成為一名摩擦修復師，同時吸引其他人加入你的陣容。要修習這項技藝，需要理解**什麼**應該是快速或毫不費力的，**哪些**又該困難、緩慢或根本不可能做到。**為什麼**有些事情應該很容易，而有些事情又應該很困難。你我該**如何**消除不良摩擦，並注入良好摩擦。又該**如何**建立團隊和組織，將摩擦修復融入規範、角色、規則、儀式和激勵措施之中。

技藝實行者

以下是摩擦修復的一項範例。夏威夷太平洋健康中心（Hawaii Pacific Health）的品質總監梅琳達．艾許頓（Melinda Ashton）博士非常不高興，因為中心裡的護理師和醫生花太多時間更新患者的電子病歷，但花在檢查、治療和安慰患者上的時間太少。許多其他院所的醫護人員也面臨同樣的困境。《美國醫學會雜誌》二〇一九年的一項研究發現，醫生投入了四三％的時間在更新患者的電子病歷，只有一三％的時間用於提供直接的病患照護。[25]

艾許頓博士意識到，院內的病歷系統變得越來越複雜和耗時。比方說，一開始並沒有要求照顧新生兒的護理師記錄尿布的更換情況，可是這些年來隨著系統的「升級」，護理師每次換尿布後都需要多次點擊滑鼠。此外，律師、ＩＴ管理員、人資、護理師和醫生還添加了許多其他雜務。有些是必要的，但許多新添加的內容（與原始要求）其實過於複雜或毫無意義，讓許多院內人員抱怨連連。然而，這是一個典型的無主問題，沒有人站出來減輕這些不斷膨脹的負擔。

二〇一七年，艾許頓博士和她的團隊決定，如果沒有其他人願意做這件事，那他們來做。這些摩擦修復師發起了「擺脫蠢事」（Getting Rid of Stupid Stuff）計畫（是的，縮寫是GROSS，噁心的意思）。[26]它首先呼籲院內的護佐、護理師和醫生提名病歷系統中「他們認為設計不當、不必要或愚蠢的任何內容」。截至二〇一八年，艾許頓博士的「擺脫蠢事」文章在《新英格蘭醫學雜誌》上發表的時候，該團隊已經獲得一百八十八項提名，並實施了八十七項改進。

解決掉這些蠢事，節省了大量時間。一項變更將記錄尿布更換所需的滑鼠點擊次數，從三次減為一次。另一項調整消除了每位護理師和護佐每小時查房時為每位患者進行的一次滑鼠點擊。刪減的每次滑鼠點擊都可節省二十四秒——艾許頓博士說：「這占用了我們四家院所每月大約一千七百個護理小時。」

在本書中，我們記錄了摩擦修復師如何推動變革，進而為其他人節省大量時間，比如公民村的麥可．布倫南團隊推動的「改革表格計畫」，將密西根州福利申請表格縮短八〇％，使內文更容易理解，幫助了每年數百萬填寫的民眾。

還有一些摩擦修復師覺得自己有責任踩剎車，他們知道如何與何時該增加必要的複雜性，並讓錯誤的事情變得更難或完全不可能做到。他們也懂得何時該放慢速度來保護人們的心理健康，或留下更多時間與他人連結，並享受生活中的美好。

諾貝爾獎得主丹尼爾．康納曼在《快思慢想》一書中指出，當人們處於「認知雷區」時，也就是當他們感到困惑、不知所措或局面分崩離析時，最明智的做法是放慢速度並評估情況，而不是莽撞行事或鋌而走險。[27]

二〇一〇年，導航軟體新創公司位智創辦人諾姆．巴丁，在他的公司獲得兩千五百萬美元融資後，就是這麼做的。巴丁的投資者向他施壓，要求他用這筆錢雇用新員工、增加功能並開拓新市場。但當時位智正迅速流失美國新客戶，而巴丁並不清楚原因。他無視投資者的建議，凍結了招聘，並要求所有員工暫停手頭上的工作，一起幫忙找出是什麼讓關鍵的美國市場用戶紛紛離開。經過六週與客戶交談和分析數據後，位智員工確定了客戶的痛點並開始逐一消除。之後公司才加快步伐，開始招募人手，並在六個月內每月發布一次新版本的位智。客戶喜歡這些變化，數百萬人成了位智的忠實用戶。二〇一三年，Google 以十億美元收購了位智。[28]

我們還發現，經驗豐富的摩擦修復師會利用規則、法規和其他障礙來防止不道德和不明智的行為。

以美國國防部的工作人員為例，他們在二〇一二年阻止 Theranos 前執行長伊麗莎白．霍姆斯，在軍隊醫療後送直升機上安裝該公司未經核准的血液檢測設備。他們的抗爭是正確的，因為這台取名為「愛迪生」的機器，根本無法只用一滴血就進行準確的血液測試，儘管 Theranos 公司聲稱可以。Theranos 現已倒閉，霍姆斯於二〇二二年因詐騙投資者的四項重罪被定罪。

約翰・凱瑞魯所著的《惡血》，描述了當擁有微生物學博士學位的國防部行政官員大衛・修梅克（David Shoemaker）中校向霍姆斯詢問有關該設備功能的尖銳問題時，霍姆斯震怒。令霍姆斯感到沮喪的是，儘管她以天價請來的律師提出了規避規則的建議，也得到四星上將、綽號「瘋狗」的詹姆士・馬提斯的支持，卻還是無法壓制修梅克。修梅克堅持該設備必須得到美國食品藥物管理局（簡稱ＦＤＡ）的批准，才可以安裝在國防部直升機上。霍姆斯給馬提斯寫了一封「措辭激昂的電子郵件」，稱她的公司受到不公平待遇，這名軍階低的中校和他的同事竟敢妨礙Theranos行事。馬提斯將軍要求與修梅克面談，但面談結束後，他肯定修梅克將規則正確地應用在Theranos的裝置裝設事宜上。當修梅克中校在二〇一三年從國防部退役時，同事們送了他一張「倖存證書」，表彰他對抗馬提斯將軍的勇氣。㉙

摩擦修復師還能幫忙放緩速度，讓人們有時間互相關心、互相了解，並享受生活中的美好事物。比如荷蘭大型連鎖超市珍寶的客戶長克兒特・卡洛斯特曼范・愛德（Colette Cloosterman-van Eerd）。

珍寶連鎖超市一共開闢了兩百個「慢速道」，讓收銀員可以慢慢來，陪渴望社交互動的年長者說說話。克兒特是這些「聊天結帳」的背後推手，她解釋說：「我們的超市是許多人的重要見面場所，我們希望能幫忙識別並減少孤獨感。」她認為這項努力是「一個小舉動，但非常有價值，尤其是在數位化且步調越來越快的世界中」。[30]

如何像摩擦修復師一樣思考

這項為期七年的計畫讓我們知道，摩擦修復師的基本信念是：**如果我們專注於該讓什麼變得更容易和更快，以及該讓什麼變得更困難和更慢，員工和客戶的生活就會變得更美好**。此外，如果將注意力轉向尋找摩擦問題出現的時間和地方、了解原因並制定補救措施，那麼我們的組織就會更加人性化和高效創新，也能提高獲利。梅琳達·艾許頓博士的團隊就是這麼做的，他們邀請同事停下來，思考一下堵塞夏威夷太平洋健康中心病歷系統的愚蠢事。公民村的麥可·布倫南團隊在「改革表格計畫」期間也是這麼做的，他們讓眾多政府領導人、公務員和民眾參與，一起修改密西根州的福利申請表格。

維吉尼亞大學的嘉柏麗·亞當斯等人，在著名的《自然》期刊上發表的研究指出，暫停一下，思考如何消除不必要的複雜性，這種做法的威力很大。他們記錄了人類喜歡加法而不是減法的傾向，並說明如何克服這種根深柢固的偏誤。[31]在一系列的二十項研究中，研究人員發現，從建造樂高模型到改善大學等任務中，人們預設的解決問題模式都是增加，而不是減少複雜性。當研究人員要求人們建造樂高模型時，即便最好的解決方案是拆除一塊關鍵連接處的零件（而且每使用一塊樂高積木就要支付十美分），他們仍然添加了更多零件。但是，當研究人員加入認知的減速阻礙，提醒人們可以在樂高模型中添加或減少零件的時候，他們拆除關鍵連接處零件的可能性就大幅提升。

聽起來很理所當然，不是嗎？確實如此。摩擦修復師以理所當然大師自居，他們對祕密解決方案、震撼人心的驚喜和奇蹟療法都抱持強烈懷疑態度。

這種基本信念，也就是讓正確的事情變得更容易、讓錯誤的事情變得更困難的頑強奉獻精神，透過在我們的計畫中浮現並貫穿全書的三個信念而得到強化。這些信念幫助摩擦修復師不沉湎於無益的唉聲嘆氣，而是採取具體行動，並激勵其他人加入他們的使命。第一個信念是：**我有責任修復摩擦，你也是**。摩擦修復師覺得有義務防止自己和同事無視他們和組織所產生的摩擦。他們對抗把這些障礙和機會當成無主問題的決策和設計，並承擔起解決問題的責任、鼓勵其他人加入他們的行列，並阻止想不勞而獲的人。

這就是諾姆·巴丁在位智所做的事，他按下暫停按鈕，讓找出公司應用程式問題所在與如何修復，成為所有人的責任。正如我們在前作《卓越，可以擴散》中提到，這樣的當責，會讓每個人都敦促其他人以「這地方屬於我，我也屬於這地方」的心態去說話和行事。32 摩擦修復師將自己視為一場運動的一部分，也就是徵召、教導和獎勵周圍的每個人（無論他們的影響範圍是小還是大）挺身而出，找出哪裡出了問題與如何修復。

第二個信念是：**我們是他人如何使用時間的受託人**。這是我們在第 1 章〈他人時間的受託人〉中關注的焦點。摩擦修復師專注於如何設計工作和組織，以及如何對待他人，好讓員工、客戶和民眾的時間得到最充分的運用。這也帶出摩擦修復的另外兩樣關鍵要素。第 2 章〈摩擦鑑識〉會深入探討什麼應該是困難的，什麼又應該是容易的——這樣才能正確決定人們該在哪些事上花更多時間和更少時間，以及該在哪些地方注入更多和更少的摩擦。第 1 章和第 2 章打下基礎後，我們就來到第 3 章〈摩擦修復師如何工作〉，在這一章中會介紹我們的「幫助金字塔」，從如何幫助他人應對無法消除的摩擦問題（起碼當前無法消除），到如何推動局部和整體的改善革新。我們的金字塔可以幫助你決定，在什麼時機重新設計或修復損壞的體制是最上策；或是在這樣做只是徒勞無功時，如何幫助他人保持尊嚴，避免他們自責，也防止絕望和無助蔓延。幫助他們把時間花在尋找最可行的路徑，穿越糟糕的體制，而不是把時間浪費在徒勞地做無謂的事。

第三個信念是：**摩擦修復是一門可以學習、實踐、發展、教導和傳播給他人的技藝**。我們在第 4 章到第 8 章詳細介紹了這門技藝。摩擦修復師知道，他們的工作需要尋找、掌握和應用特定的技能和工具，也必須經歷成功與挫敗，這些有助於磨練他們的技藝，同時他們也需要和同行者教學相長。他們也知道沒有一套萬用方案可以解決自己面臨的小麻煩或大混亂。摩擦修復師必須為自己、團隊和組織量身打造適合的方案。

為了幫助你發展這門技藝，本書剖析了五種普遍存在的破壞性陷阱：不知人間疾苦的領導人、加法病、破碎的連結、一氧化碳術語，以及躁進又狂亂。每一種陷阱都會用一整章來剖析。我們深入探討這些陷阱為什麼會困擾組織，並提供策略、工具、儀式和設計原則，幫助你避免、抑制和消除每種陷阱——不再讓人感到沮喪、無助或挫敗。

簡而言之，有太多的團隊和組織陷入困境，是因為做錯誤事太容易，做正確事又太難了。我們可以扭轉局面。本書能幫助你集眾人之力，避免、擺脫和消除這些對生產力、創新、尊嚴和理智的障礙，進而打造一個良性循環。推動這一切的想法是：為了贏得他人的尊重和為自己感到自豪的權利，我必須成為摩擦修復方案的一部分，而不是問題的一部分。

PART 2

摩擦修復的要素

第 1 章

他人時間的受託人

一九四〇年八月，正當英國面臨德國飛機一波又一波攻擊時，邱吉爾著手對付截然不同的敵人。他在僅兩百三十四字的〈簡潔〉備忘錄中，懇請同僚「確保他們的報告更簡短」。❶這位英國首相敦促他們寫出「簡短、清晰的段落」，將複雜的論點或統計數據移至附錄，並停止使用「官方行話」和「含糊字句」。幾個月後，邱吉爾要求官僚們聽聽他「痛苦的呼求」，並記住「外交官效率的衡量標準，不是他們發出的訊息數量和長度」。

七十多年後，我們與教學團隊齊聚一堂，討論如何為六十名主管開設「以客戶為中心的創新」課程。當大家對內容提出各種想法時，我們的同事傑瑞米．厄特利（Jeremy Utley）突然高聲說道：「我討厭浪費別人的時間，我們要讓每一分鐘都對他們是有價值的。」

在摩擦計畫期間，我們一次又一次地回顧邱吉爾的備忘錄和傑瑞米的話，因為兩者都樹立了技巧高明的摩擦修復師的標誌：**成為他人時間的受託人**。受託人致力於發現並消除那些浪費人們時間和金錢、讓人感到沮喪、無助和疲憊的障礙，並因此感到自豪。他們為知道何時該放慢速度、掙扎或停止——也就是創造有建設性的摩擦——而感到自豪。

摩擦錐

受託人是領導者，他們關注並擔心由於自己的權力使事情變得更容易或更困難，導致誰正在（與可能）受到影響，以及他們的言行和設計可能在不知不覺中阻礙到哪些人。這個潛在影響區域就是你的「摩擦錐」。邱吉爾利用首相的職位，迫使在他的摩擦錐裡的公務員實行「簡明扼要」。傑瑞米敦促我們的團隊，為處於我們「摩擦錐」中的六十名高階主管，消除不必要的無聊、沮喪和貧乏時間。梅琳達・艾許頓博士和她的團隊，在夏威夷太平洋健康中心發起了「擺脫蠢事」計畫，擔任護理師、醫生和患者時間的受託人。

二〇一三年，Dropbox 執行長德魯・休斯頓和他的高層團隊，利用他們掌管這家檔案共享公司所有員工的權力，取消了數百場耗時的會議。員工在會議上浪費了太多時間，導致他們不斷錯過關鍵的截止期限，尤其是交貨日。德魯的團隊決定幫助員工，避免把不必要的會議堆到自己頭上。Dropbox 的 IT 人員從員工行事曆中刪除了絕大數常設的會議，並讓他們在兩週內都無法在行事曆上新增會議。全體員工都收到一封主旨為「會議末日降臨」的電子郵件通知，在解釋了為什麼他們的行事曆「有點空」後，電子郵件裡問道：「啊～這種感覺是不是很棒？」Dropbox 還制定了指導方針，其中包括「如果（也僅限於）其他形式的溝通無法解決問題時，才安排會議」和「只邀請關鍵利害關係人，而不是觀眾」，以及如果與會後意識到開會毫無用處，或者他們本人沒什麼能貢獻的，建議提早離席。❷

受託人也會留意是否有跡象顯示該注入有建設性的摩擦，包括何時該踩剎車、減速或停止。這是從「隱形執行長製造廠」的研究中學到的。「隱形執行長製造廠」是一些默默無聞的公司，卻為其他公司培養了數十名成功的執行長。顧問艾琳娜・利廷基亞・博特何和桑佳・科斯發現，其中一家碩果最佳的執行長製造廠是羅門哈斯公司（Rohm and Haas，化學品製造商，現隸屬於陶氏化學公司）。由羅門哈斯培養的執行長領導的公司，「比其他執行長負責時的公司，業績好六七%」。❸

羅門哈斯公司教導其領導人，在做出影響廣泛且後果持久的決策時，採取快速、狹隘和衝動的行動只會導致災難。相反的，羅門哈斯宣揚「五個聲音法」。在做出重大決策之前，領導者要放慢腳步，仔細研究，並與人交談，直到他們了解五個關鍵利害關係人：客戶、員工、所有者、社區和流程。在這家精修領導力的公司學到的經驗，幫助前員工皮耶．布朗多（Pierre Brondeau）擔任了化學品製造公司富美實（FMC）的執行長。「五個聲音法」教導他：「重點不在取悅你的老闆，而是讓利害關係人引導你做正確的事情。」

受託人也會制定繁瑣條文，使錯誤的事情變得難以執行或不可能做到。舉例來說，麻州的藍十字藍盾（Blue Cross Blue Shield，該州最大的私人保險公司）的領導者決定採取行動，因為二〇一二年至二〇一三年間，該州鴉片類藥物導致的死亡人數增加了四五%，而且死亡率是全美平均值的二．五倍。

其中許多死亡案例，是源自向藍十字藍盾的會員開出的鴉片類藥物。該公司制定新政策，使醫生更難開立鴉片類藥物。醫生必須討論鴉片類藥物以外的治療方案，並與患者就治療計畫簽署書面協議。醫生還必須提供開立鴉片類藥物處方的書面理由，並須經具有鴉片類藥物成癮專業知識的臨床醫生審批（或駁回）。該公司也禁止網路訂購鴉片類藥物。

到二〇一五年，藍十字藍盾會員的鴉片類藥物處方減少了一五%。根據保健學家

瑪卡瑞娜．葛西亞博士領導的研究報告所述，這代表「新政策實施後的頭三年內，鴉片類藥物的發放量減少了兩千一百萬劑。」❹

麻州這項計畫是由該公司的高層管理人員領導，其中包括醫師總監布魯斯．納許（Bruce Nash）博士。還有許多受託人也啟發了我們，他們的影響力較小，而且在地位上更接近底層，而不是頂層。其實，你我所有人都有能力幫助處於自己摩擦錐內的人，無論錐體大小。

本書的共同作者蘇頓在前往加州紅木城的機動車輛管理局（簡稱DMV），為亡母的豐田汽車更改登記時，經歷的事讓他有了這樣的體悟。蘇頓原本很擔心要和暴躁臭臉的公務員磨上許久。他在早上七點三十分抵達，那時DMV還有半小時才開門，外面已經排了五十個人了。大約七點四十五分，一名親切的DMV員工在入口附近擺了一張桌子，開始沿著隊伍逐一詢問每個人來訪的目的——我們後來得知，DMV員工每天早上都會這樣做，這是眾多體制改革中的其中一項，目的在提升加州DMV的效率，對民眾更友善。❺該員工告訴至少十五個人，他們可以直接填寫表格，不必排隊等候，甚至遞給他們正確的表格和一枝筆（！），讓他們可以當場填寫。然後員工把包括蘇頓在內的其他人一一送進去，並告訴他們要到七個窗口中的哪一個等待，同時提供了表格並提醒可預做的準備——這樣窗口人員處理起來就會更快。蘇頓在上午八點十五分前完成了相當複雜的變更登記事宜。

沒錯，令我們驚訝的是，在進行摩擦計畫期間親身體驗到的最佳客戶服務，就是在DMV！最大功臣就是那位熟練（且親切）的時間受託人，帶領眾人走出官僚主義的迷宮。

五項承諾——受託人的座右銘

我們的摩擦計畫歸納出五句座右銘，可以幫助受託人保護處於他們摩擦錐中的人們的時間——並增強他們的尊嚴、對生活的熱情和表現。這些承諾指引受託人實踐並傳授技藝，同時徵召其他人加入他們的行列。當人們受到鼓勵、讚揚和獎勵而團結在一起時，摩擦修復的效果最好。孤軍奮戰英雄的一頭熱，通常不足以避開和修復這類令人煩惱和混亂的問題。

①就像修剪草坪一樣

我們很喜歡邱吉爾的〈簡潔〉備忘錄和Dropbox的「會議末日」中明顯的戲劇性和立即見效。然而，這兩個故事的後續發展，引出了第二個更嚴峻的教訓：**摩擦需要時時保持警覺**。

邱吉爾在一九五一年再次擔任首相的時候（他在一九四五年的選舉中敗選下台），又再次發送一九四〇年的〈簡潔〉備忘錄，因為官方文件仍然「太長且含糊」。邱吉爾還附上了外交大臣的備忘錄，敦促外交官（再次）減少發送電報的次數，並縮短電報的長度。

在Dropbox也差不多，在「會議末日」後的幾個月裡，大家安排的會議減少了，會議規模縮小了，也經常拒絕開會邀請。但他們沒多久又故態復萌。德魯．休斯頓告訴我們，到了二〇一五年，「情況甚至比以前更糟糕」，並補充說，對抗太多糟糕的大型會議之戰就像修剪草坪一樣，需要不斷維護來阻絕醜陋和蔓生。

這種永無止境的打地鼠遊戲，需要在正確的時間和地方注入摩擦力。摩擦修復師的想法要像納斯卡賽車或F1賽車隊的機組長一樣，要安排定時進站，留意需要緊急維修的跡象。我們訪問一家軟體大公司的副總裁，他就使用這種「進站」視角來管理他的十多名下屬；這些下屬分布在九個國家和六個時區——而且他們底下還有四百名工程師。這位副總裁將與下屬團隊的定期會議，從每週一次減少為每月一次，改以團隊成員編寫共享文件（並共同編輯）的方式取代會議，包括時間表、職責、目標、危險信號和更新。截止日期是每週五。重心移至編寫而不是談話之後，改善了溝通和協調，並迫使大家更深入思考自身的工作——該團隊的運作前所未有地順暢。

但是，在運用這套系統幾個月後，副總裁發現一些突發事件和亂子已經等不及月度會議了。比方說，一名團隊成員與客戶發生激烈爭吵，還揚言不是客戶走人，就是他走人——副總裁立刻召開緊急會議排解糾紛，並討論該如何挽救與客戶的關係。

②組織是可塑性強的原型

摩擦修復師不會感到無力修補或推翻現行規則、程序和結構，而是將這些組織特徵視為暫時且可變的——只是目前力所能及的狀態。這類似於高明的設計師看待所開發的產品和服務的方式——是不斷變化且（可望）不斷改進的原型。摩擦修復師透過提出以下問題來體現這種心態：人們知道如何使用公司的商品和服務嗎？簡單嗎？複雜嗎？運作原理淺顯易懂嗎？哪裡慢了？有漏洞嗎？什麼可以迅速解決，什麼需要較久的時間？

大約二十年前，我們從大衛．凱雷（David Kelley）身上學到了將組織視為原型的力量，當時我們對IDEO（一家著名的創新公司，由大衛共同創辦並擔任執行長）進行了十八個月的民族誌研究。大衛察覺，在IDEO中，不良的摩擦正在增加，因為當公司只有五十名設計師時運作順暢的專案分派人手系統，在公司設計師人數增加到一百五十人時已經不再適用。負責為專案分派人手的委員會需要更長的時間才能做出決策，而且頻頻犯錯，因為他們對工作、客戶或每個專案需要多長時間，都沒有足夠的了解。設計師為了誰該負責哪些專案而爭論不休，上演火爆場面。❻

大衛在我們也出席的全體會議上提出了一套原型，希望能解決這個亂局。他首先承認IDEO原來的結構已不再適用，然後指定了三位領導人，每一位領導人都負責帶領一個新的「工作室」。三位領導人各自使出渾身解數說服「為什麼你應該加入我的工作室」，之後讓設計師選擇他們想加入的工作室：每個人都列出了他們的第一、第二和第三選擇（所有人都選上了第一選擇）。

在努力開始說服之前，大衛提醒大家，IDEO的理念是「帶來啟發的試錯，勝過完美無誤的規畫」。他指出，新的工作室模式是一個可變的原型，就像他們為客戶設計的產品、服務和體驗一樣。為了強化這項訊息，大衛在會議前剃掉了自己招牌的格魯喬·馬克思（Groucho Marx，美國喜劇演員）式小鬍子，這一招震驚所有人。他說：「我們正在嘗試的改變，就像剃掉我的鬍子；只是暫時的、可逆的實驗。」

幾個月後，大衛的鬍子又長回來了，多年來，IDEO陸續嘗試了其他結構。但大衛始終提醒IDEO和其他地方的人，將組織視為不完美和未完成的原型。

當某些政策或做法讓人惱怒或抓狂時，摩擦修復師需要勇氣和影響力來嘗試不同做法。如果一件事行不通，就改變它，或者扔掉它，然後試試其他方法。

③ 讚揚和獎勵實踐家，而不是空談家

我們稱貝琪·瑪吉奧塔（Becky Margiotta）為摩擦修復師，她本人用的是更生動的說法。貝琪原本是一名年輕的美國陸軍軍官，後來帶領一項運動為十萬無家可歸的美國人尋找家園，到現在擔任十億研究所（Billions Institute，該研究所幫助「領導人傳播世界上最大問題的解決方案」）的負責人，她說：「我成年後的絕大部分時間都花在解決狗屁倒灶的事上。」❼

貝琪透過支持實踐家而不是空談家，清理了許多混亂。在「十萬家園運動」的初期，貝琪的團隊意識到，他們一直未能實現期中目標的原因之一，是數十名空談家在

會議和電話上說得天花亂墜，承諾在社區中開展關鍵工作，並要求工作人員協助，但從未付諸實行。他們善於說好聽話，但往往光說不練。貝琪的團隊叫這些只會耍花腔的人是「空心復活節兔子」，因為「就像復活節的時候，你以為自己找到了很棒的巧克力復活節彩蛋，結果卻是一個空心復活節兔子。白搭」。在這些空心兔子身上浪費了太多時間後，貝琪的團隊學會當別人和自己時間的受託人，他們看破這些空談家，忽略他們，並（溫和地）向這些人解釋他們是在阻礙運動。❽

貝琪的團隊也加大力度獎勵實踐家。貝琪還在美國陸軍時，如果有大兵亂搞或搞砸了，她或其他軍官就會問：「到底誰在搞定這隻雞？」意思是，誰該負責？當貝琪向她的十萬家園團隊提起這個故事時，他們覺得這能激勵推動這項運動的實踐家。貝琪開始向致力於為人們提供家園的社區團體發表「雞事搞定人」演講。她的團隊弄了一個「最高機密」金雞獎。每個月他們都會選出十至十五位對推動運動最有助益的人，每位雞事搞定人都會收到一隻小金屬公雞，表彰其成就。

貝琪和她的團隊等受託人，對看破和阻止那些破壞而不是啟動摩擦修復的空洞舉動保持警惕。請參閱我們在後文列出的七種把戲，這些把戲讓空談家自我感覺良好，並沽名釣譽，但光說不練只會浪費寶貴的時間和金錢。明智的受託人會密切注意此類招數，並阻止嘗試此類行為的人。

這些把戲大多數都是「巧言陷阱」，這是蘇頓和史丹佛大學的同事傑佛瑞・菲佛對這類能說善道、有趣但不真誠的言詞取的名稱，這些言詞是充當行動的替代品（而不是指導和激勵行動）。❾動聽但不實在的話會出現，是因為說巧言比做對的事容易。因為能言善道、圓滑的人能立刻光環加身，而埋頭做事的實踐家就必須在事後才會被看見。

空談家把戲

破壞摩擦修復的空洞行為

一、以承諾取代行動。答應幫忙解決摩擦問題，然後表現出（或許是真心相信）不需要再做更多努力的樣子。

二、以召開並參加會議討論摩擦修復的方式，取代實際行動。

三、頭頭是道卻無用的談話。滔滔不絕地講述關於摩擦令人印象深刻的想法和引人入勝的故事——但過於模糊、不切實際或令人費解，無法帶來後續行動或學習成果。

四、以使命宣言和共同價值觀清單，取代摩擦修復。
五、以說壞話、唱衰取代行動。批評、抱怨和指責別人、傳統和規則助長摩擦問題，但沒有採取任何作為來幫助或鼓勵修復。
六、培訓只是做表面功夫，並沒有真正因應摩擦問題。
七、將解決摩擦的工作外包給顧問和其他空談家——這樣一來，不作為的黑鍋就是別人背。

這些空心兔子用上述的把戲，愚弄了貝琪的團隊，至少在一開始是這樣。他們熱情承諾為運動提供幫助，安排並參加與工作人員和社區成員的會議。他們滔滔不絕地講述有關無家可歸者令人印象深刻的事實、數據和行話。他們說正在努力為社區中的人們提供住房，但也只是說說而已。說到底，他們的行話模糊且不切實際，他們的宏偉承諾也從未兌現。他們不過是在浪費別人的時間和精力。

摩擦修復師需要特別警惕尖酸的批評者。心理學家泰瑞莎・艾默伯對「厲害但殘酷」效應進行的實驗發現，人們往往認為寫惡毒書評的人比寫正面書評的人更聰明與專業。正如泰瑞莎說：「只有悲觀主義聽起來才有深度，樂觀聽起來很膚淺。」❿在摩擦計畫的早期，我們關注的故事是有關公司、大學和政府施加在人們身上的種種折磨——然後提出了嚴厲的批評。當然，有些懶惰、無能和殘忍的人——以及崩壞的制度——應當被點名批評。然而，當深入幕後尋找這些恐怖故事中的惡棍時，我們經常發現的是好人試圖改善局面，卻面臨重重阻礙，例如：必須遵守荒謬的規則和法律，否則就會被解雇。因為他們每天都在與這些問題角力，所以他們知道哪裡出了問題與該如何解決。

但是沒有人傾聽他們的意見，也沒有人允許他們改變現狀。其實不應該隨意苛刻批評他們。

這正是公民村的共同創辦人麥可．布倫南、亞當．塞爾澤和莉娜．塞爾澤在開始與密西根州公務員合作，重新設計那份複雜的四十二頁福利表格時所發現的事。亞當告訴我們，刻板印象讓他以為這些人一定是冷漠且缺乏想像力。⓫ 然而，當麥可、亞當和莉娜見到他們時，卻發現這些人是充滿愛心、認真負責、勇敢的一線員工，他們也在與那份可怕的表格角力，並深深厭惡，而高層官員多年來也一直想解決這個問題。一旦這些公務員意識到公民村可以提供幫助，而且有資源和耐心來解決問題，他們就在整個重新設計過程中成為富有想像力、開明和不懈的合作夥伴。

正如公民村對「改革表格計畫」鼓舞人心的案例研究所指出的：「我們發現，與

其怪罪或指責，不如讓他們自己去質疑並認清他們工作的複雜性，這更有助於建立夥伴關係，並開啟有建設性對話的大門。」⓬

培訓是另一種替代摩擦修復的話術。組織用培訓來表示他們關心多元包容、性騷擾、創新和客戶體驗等挑戰。但組織內的員工並沒有做任何其他事情來落實這些學習。如果沒有進展，這些組織的領導者還有一個現成的替罪羔羊——培訓師！

我們追蹤一家金融服務公司多年，該公司對數千名員工進行了「設計思考」方法的培訓。我們一次又一次地詢問公司的領導者：「哪些產品和服務透過設計思考得到了改進？」他們則告訴我們，員工有多喜歡這些培訓，以及培訓如何提供他們工作創新的工具。但領導者永遠說不出有哪個產品或服務，是參加過課程的人應用設計思考方法加以改善的（甚至還變得更糟！）。經過十年的徒勞無功（以及說培訓師的壞話），公司放棄了這項培訓計畫，我們對此毫不意外。

相較之下，公民村的創辦人也接受過設計思考方法的訓練。但他們應用了這些知識，去採訪和觀察數十名公民和公務員，了解他們在糟糕的舊福利表格方面的經驗，接著找出障礙，思考能如何把表格改得更簡短又清楚——然後利用這些知識重新設計福利表格。

我們的把戲清單上的最後一項是「將解決摩擦的工作外包給顧問和其他空談

家——這樣一來，不作為的黑鍋就是別人背」。我們遇到了一位每隔幾年就跳槽到新公司的主管。這位遊歷廣泛的男士向我們解釋說，他每次走馬上任後，都會聘請知名公司的顧問來為改革提出想法。比如他在上一家公司擔任執行副總裁時，就請來ＩＴ顧問制定了數位轉型計畫。該計畫幫助他謀得了目前這個執行長的職位，讓他在求職面試時多了一個值得吹噓的精采故事。不過這位執行長笑著承認，數位轉型工作從未在他的前公司實施過，然後他將缺乏進展歸咎於那些「吹牛」的顧問。我們發覺這位精明的組織政客是將解決摩擦問題外包出去了，部分原因是顧問可以充當他領導下不作為和其他失敗的替罪羔羊。這位高階主管用高價聘請了顧問，所以他是用花錢取代了行動——這是有錢有勢的空談家最愛的一招。

④專注在解決事情，而不是忙著找責怪對象

當摩擦問題大量存在時，不斷反芻和嘟囔該責怪誰，只會消耗精力，而這些精力原本可以用來制定補救措施。領導者如果指責和懲罰提出問題、指出同事錯誤、承認自己失誤的員工，只會製造恐懼文化——在這種文化中，員工被迫掩蓋問題，而不是揭發問題並徵召同事一起解決。

麻省理工學院的尼爾森・雷彭寧和約翰・斯特曼的研究發現，在效率低下和品質問題叢生的製造和軟體開發公司中，當員工發現體制問題時，常常會被冷處理、指責和懲罰，甚至開除。⓭在其中一家公司，工程師被告知「在找到解決方案之前，永遠不要披露問題」。這種槍打出頭鳥的傾向，導致另一家功能失調的公司的工程師將他們的每週審查會議當成「騙子俱樂部」。他們覺得必須誇大進展並隱藏缺陷，結果往往在工作交接給他人後造成大麻煩。

波音公司文化中的類似缺陷，促使員工向彼此、購買其飛機的航空公司與駕駛該飛機的飛行員，隱瞞設計和製造缺陷。這就是兩架波音737MAX噴射機墜毀之前發生的情況。二〇一八年十月在印尼發生的第一起事故，造成一百八十九名乘客死亡。五個月後在衣索比亞發生的第二起事故，造成一百五十七名乘客喪生。二〇二〇年，波音員工在墜機事件發生之前的內部通訊資料被披露，內容長達一百一十七頁。正如《紐約時報》報導的，這些通訊資料暴露了一種「崩壞」的文化，這種文化拋棄了該公司歷來對品質和安全的關注。在波音公司，員工已經把營收和股價放在第一位，即使這導致便宜行事，又讓他們的飛機更容易失事。⓮

當波音內部人士討論印尼飛行員是否需要接受新型MAX飛行模擬器培訓時，一些人質疑是否有必要因為「他們自己的愚蠢」，以及印尼航空公司那些訂購新型

737 MAX的「白癡」——而不是因為新飛機有設計缺陷，導致任何機師都難以駕駛。儘管存在這些疑慮，波音公司還是一意孤行，並說服監管機構，短期的電腦培訓課程對於MAX機師來說就足夠了。這種輕量又廉價的培訓獲得批准後，波音員工慶祝了一番，因為這表示機師「還是可以直接駕駛MAX」，即使他們上次接受初版737的模擬器培訓已經是三十年前的事了。一名員工回應道：「太好了。」因為他們的行銷PowerPoint簡報顯示，模擬器培訓「占了營運成本結構的一大部分」。

同時，其他波音內部人士不敢向他們的主管（或客戶或美國聯邦航空管理局）提出對這款飛機的擔憂，而是私下透露了疑慮。包括在二〇一八年墜機事件前有員工寫道：「老實說，我不信任波音公司裡的很多人。」「你會讓家人坐用MAX模擬器培訓的飛機嗎？我不會。」而且，打造737的工廠前高階主管艾德・皮爾森（Ed Pierson）告訴組織心理學家亞當・格蘭特：如果工廠的員工沒有達到生產目標，就會在一百名同事面前被點名、羞辱和拷問，所以「是衝著個人、非常公開的羞辱」。[15]

這種恐懼和保密文化，將金錢置於生命之上，這也讓波音公司沒有告知美國聯邦航空管理局、航空公司和飛行員，他們的新軟體——操控特性增強系統（MCAS）很容易故障，而這一點工程師、試飛員和高階主管都知道（該軟體後來被判定為兩起737 MAX墜機事故的罪魁禍首）。根據《紐約時報》報導，MAX於二〇一七年投入使用後，波音公司未告知航空公司，「原本可以幫助印尼和衣索比亞航班上的飛行員辨別MCAS故障的駕駛艙警告燈，在大多數飛機上都未能發揮作用」。相反的，墜機事件發生後，波音公司執行長丹尼斯．穆倫堡還認為：「應該歸咎於訓練不精的外國機師，而不是波音公司。」但波音公司的其他員工則責怪自己和公司文化，這種文化希望你閉嘴，掩蓋壞消息，這樣公司才能快速前進與賺錢。其中一名員工在兩次事故發生後寫道：「上帝還沒原諒我去年做的掩蓋行為。」

如果波音公司的人，尤其是高階主管，能夠維持的一種文化，是讓人能放慢速度去解決問題，覺得有義務就品質問題大聲疾呼，並將安全置於短期利潤之上，我們認為這就能挽救數百人的生命，讓員工不致感到羞愧，公司也不會因737MAX訂單的取消、流失和延誤，蒙受估達一百八十億美元的重大損失。

哈佛商學院的艾美．艾德蒙森花了二十多年的時間來記錄像波音公司這種破壞了心理安全感的組織所造成的損害，它們讓人害怕承認錯誤或指出別人的錯誤和失誤。艾美證明了，當公司懲罰揭露壞消息的員工，並獎勵那些隱瞞壞消息的員工，而且員工隻字未提就將有缺陷的工作交接下去時，不僅會損害成本和品質，還會傷害、甚至害死人。所以她將737MAX的慘案稱為「缺乏心理安全感如何導致災難的教科書案例」。⓰

然而，這是可以改變的。尼爾森・雷彭寧和約翰・斯特曼研究過一項成功的變革，其中的一位管理者解釋說：「有兩種說法。一個是：『有問題，我們來解決它吧。』另一個是：『有人搞砸了，我們得好好教訓他們。』要想改進，我們就不能再抱著第二種說法不放，必須使用第一種說法。」⓱ 艾美關於心理安全感的研究指出，從掩蓋錯誤和相互指責的文化，轉向支持糾正和學習的文化，需要我們徹底扭轉對員工「能幹」的看法。

安妮塔・塔克和艾美・艾德蒙森研究了一百九十四起醫院患者照護失敗的案例（從醫療設備損壞到用藥錯誤）。他們發現，掩蓋並繞過問題而不引人注意的護理師，往往會造成此類失敗。然而，這些護理師常常被醫生和行政人員認為是**最能幹的**，因為他們從不抱怨問題，在崩壞的體制裡也能遊刃有餘，而且給人留下他們很少犯錯的印象。⓲

安妮塔和艾美的結論是，醫院如果雇用和獎勵行為正好相反的護理師，也就是直言不諱的人，就更能保護和服務病人。對於決心要辨識和修復摩擦問題的受託人來說，這意味著要學習、實踐和肯定那些會讓許多人感到不安的才能。摩擦修復師遵循艾美和安妮塔的建言，讓「吵鬧的投訴者」可以安心說話，因為他們會修復問題，並告訴其他人體制哪裡出了毛病。摩擦修復師讚揚並保護「吵鬧的麻煩製造者」和「自覺的犯錯者」，因為他們會指出自己和其他人所犯的錯誤，使大家可以避免重複此類錯誤，並改進體制。

當然，有時保持沉默和順從會更輕鬆。但如果你的目標是要解決摩擦，而不是助長一切都很好的錯覺，那就大聲說出你和其他人犯下的錯誤，以及你發現和修復的缺陷，然後引以為傲，並獎勵其他人的同樣行為。還有，永遠要審視組織的所作所為，並敦促其他人找出更好的做法。

⑤表揚避免摩擦慘案的人，而不光是救火者

摩擦修復師會防患於未然——他們不是只修復或消除突發的問題。正如大力促成南非種族隔離制度結束，並因此獲得諾貝爾和平獎的戴斯蒙·屠圖大主教所說：「總有一天，我們就不能只是把人們從河裡救起來。我們必須到上游，找出他們掉進河裡的原因。」

但偏偏救火者的英雄事蹟，會蓋過不顯眼的防災設計和維護工作的鋒頭。在對製造和軟體開發系統的研究中，尼爾森·雷彭寧和約翰·斯特曼發現，糟糕的體制之所以持續存在，部分原因正如一名汽車公司工程師所說的：「沒有人會因為從未發生過

的問題而獲得功勞」。尼爾森和約翰發現，有太多的組織只讚揚救星，因為他們開發了富有想像的補救方法，暫時挽救了遭崩壞體制折磨的問題，例如：交接不良、錯誤的系統運作資訊，以及其他協調問題。正如一名專案經理告訴他們的，他的公司只獎勵像他這樣的「戰爭英雄」，他能升職是因為「我在危機之下完成了專案」。⓳

更好的做法是消除這種英雄行為的需求。套用我們與已故的IDEO共同創辦人兼庫柏休伊特設計博物館館長比爾．摩格理吉對談中的話：無論是產品、服務還是組織，最好的設計通常是那些「你注意到自己沒注意到的設計」，因為它們運作得非常流暢，或者使用起來非常簡單，讓你很少會因為困惑或討厭的意外而受到驚擾。

這些作品不僅設計和建造得很好，也因為它們始終保持在最佳狀態，你才不會注意到它們。摩擦修復師擁護安德魯．羅素和李．文塞爾兩位教授的呼求：「讓我們對維護感到興奮！」⓴摩擦修復師欣賞預防性維護和願意去做的人，他們反對常見的「貧乏且不成熟的科技概念，這種概念將創新視為一種藝術，但將維護貶低為苦差事」。如果忽視維護，橋梁和建築物會倒塌，森林火災會肆虐，飲用水會有毒，我們的汽車、筆記型電腦和電話會無法運作。安德魯和李指出，發明新事物的工程師會獲得名聲和財富，但「大約有七〇％的工程師是在努力維護和監督現有事物，而不是設計新東西」。如果沒有這些無名英雄，生活會變地獄。

對於摩擦修復師來說，美國藝術家米勒・拉德曼・尤克雷斯是保持物品清潔、保養和正常運作的守護聖人。早在一九六九年，尤克雷斯就寫了《維護藝術宣言》（*Manifesto for Maintenance Art*），頌揚「掃除個人原創作品上的灰塵；保留新貌，維持變化；守護進展；捍衛與延續進步；重新燃起激情」的人。她在宣言中問道：「革命之後，週一早上誰來撿垃圾？」一九七七年，紐約市衛生局聽說尤克雷斯的作品後，任命她為駐地藝術家——至今她仍擔任這項（無薪）職位。為了完成她的第一個專案「接觸環境衛生表演」，尤克雷斯在一九七九年至一九八〇年間，花了十一個月的時間走遍全市，會見紐約市所有的清潔人員，向這八千五百人一一握手道謝，並對他們說：「感謝你們讓紐約市保持活力！」[21]

動力來自眞正的驕傲

讓我們回到傑瑞米・厄特利對我們教學團隊的呼籲：「我討厭浪費別人的時間，我們要讓每一分鐘都對他們是有價值的。」傑瑞米認為，如果我們關心這六十名高階主管，在專案期間不浪費他們的時間，那麼當專案結束時，我們就值得他們的尊重。他從未流露過半分「我們的團隊如此出色，一定能辦好這個計畫」的意思。傑瑞米關注的是我們該如何贏得感到自豪的權利，而不是我們擁有的競爭優勢，比如聰明、創造力或魅力等人格特質。

傑瑞米的動力來自於心理學家潔西卡・崔西等人所說的「真正的驕傲」，也就是因為盡心盡力、關懷他人、善待他人、成就好事而贏得的自尊感，並因此贏得他人的欽佩和尊敬。㉒

潔西卡的研究還發現，真正的驕傲有一個邪惡的孿生兄弟：「狂妄的驕傲」，也就是覺得自己天生、長期就擁有非常聰明、運動神經發達或外貌出眾等特質，這些特質使他們比其他人優越——這引發了他們的傲慢、自負和自我膨脹。

真正的驕傲來自於經年累月地努力去贏得和維持聲望；狂妄的驕傲「來得更快，但轉瞬即逝，而且在某些情況下是空虛的」。狂妄的驕傲多來自於走捷徑，而不是靠努力。

真正的驕傲是串連我們五項座右銘的一條線。舉例來說，相信摩擦修復就像修剪草坪一樣，這讓受託人準備好長期作戰，持續不懈地努力贏得自尊和他人的尊重——而不是靠曇花一現的華麗表演。我們盛讚的那些將組織視為可塑性原型的受託人也是如此，比如ＩＤＥＯ的共同創辦人大衛．凱雷。他們相信自己能夠不斷改進組織，但同時又保持謙虛，因為這需要頑強的毅力——他們知道修復摩擦沒有「一勞永逸」的辦法。貝琪．瑪吉奧塔讚揚的「雜事搞定人」也體現真正的驕傲。他們為社區裡的人尋找住所，在這艱鉅、時而令人惱火的過程中，他們的努力贏得貝琪團隊的尊重。相較之下，那些「空心復活節兔子」則因狂妄的驕傲而被唾棄。一旦貝琪的團隊發現這些滿嘴空話的空談家，就會無視他們的發言，並將他們（溫和地）驅逐。

但要注意的是，有時很難區分雜事搞定人和空心復活節兔子。別忘了，貝琪的團隊最初也被空談家愚弄了。這有一部分的原因是：不管是哪一種驕傲，給人的感覺都有點相似，所以會造成混淆。這是潔西卡．崔西測試達爾文在一八七二年提出的一個想法時學到的：「一個驕傲的人透過昂首挺胸來展示自己比其他人優越。他……盡可能地讓自己看起來更高大。因此，可以比喻說，他因驕傲而膨脹或自高自大。」[23]潔西卡發現，正如達爾文所預測的，當人為自己的成就感到驕傲時，他們會表現出「擴展的姿勢，頭部微抬，雙手插腰，或是雙手握拳舉過頭頂」（還有「低強度的微笑」）。潔西卡也記錄到，在她所研究的每種文化中，成年人永遠能區分其他人表達的是驕傲或快樂等其他情緒——就連四歲小孩也可以。

然而，這些研究發現，人表達真實驕傲和狂妄驕傲的方式並無差異——兩者看起來都是一樣的。這代表，至少在一開始，人都很容易被假的摩擦修復師愚弄，他們因自己的動聽話和口號而自我膨脹——而不是因為讓正確的事情變得更容易，讓錯誤的事情變得更困難而感到驕傲。還有，親愛的讀者，要當心你自己也落入這種狂妄帶來的立即滿足陷阱。

第2章

摩擦鑑識

該簡單，還是該困難？

我們啟動摩擦計畫，是因為厭惡那些讓簡單的事情變困難的組織。他們讓員工和顧客滿頭霧水、一臉困惑、忍不住飆髒話、精疲力竭。我們早期天真地以為，任何故意造成這種摩擦的組織，都是冷血無情、麻木和效率低。

後來想起在宜家買的所有東西，我們還是會滿心歡喜地回味當初的種種挑戰：在巨大的賣場找到自己要買的東西、把它們拖到收銀台再拖回家，還有——儘管一路上和另一半有點小摩擦，但組裝好新書架、床架和文件櫃後，我們是多麼自豪。我們被哈佛商學院的麥克·諾頓等人所說的「宜家效應」所吸引（或欺騙），這種效應正是因為「辛勞帶來愛」。❶他們的研究以一九五〇年代的認知失調研究為基礎，得到的結論是：人在一件事上付出越多，就越會珍惜它，不管它真正的品質如何。這是因為人類的天性就是會向自己和他人合理化自己的付出。我們這麼想、也這麼說：「這的確很辛苦，但一切都是值得的。」不管這是不是真的！

這就是為什麼在麥克·諾頓等人的一項實驗中，自行組裝一款宜家箱子的「自組者」，對同一個箱子的出價，比旁觀但未組裝箱子的「非自組者」高出六三%。在複雜的賣場顧客體驗中，宜家也運用了「辛勞帶來愛」的概念。按照多產國際（Prolific International）產品策略總監迪娜·柴菲茲的說法是，宜家「直視摩擦，還帶著笑意……他們要你走遍整個賣場才能結帳。你還得邊走邊做筆記，然後充當撿貨員，到庫存裡親自取出要的東西。這還沒完，你回家後還要解開那個魔術方塊，也就是你未來的辦公桌」。❷

對付出的合理化，也解釋了為什麼兄弟會、姊妹會和軍隊為了灌輸承諾和同志情誼，會讓新人經歷各種令人身心俱疲又尷尬的考驗。有些組織做得太過分，損害了人們的身心健康，也毀掉組織的聲譽，或者根本就是浪費太多時間和金錢在凝聚人心。但聰明的領導者知道，在適當的劑量和得當的預防措施下，摩擦和挫折可以孕育持久（有時是非理性）的忠誠。

就摩擦計畫來說，更重要的教訓是：對於什麼應該困難、什麼應該容易這件事來說，倉促判斷是有風險的。聰明的受託人會按下暫停按鈕，先弄清楚該讓**什麼事**變容易、變困難或變成不可能，然後再去想該**如何**做。他們力求盡可能快、盡可能省錢地完成工作，但也會不斷留意是否有欲速則不達、便宜行事造成代價更大的跡象。就像摩擦修復師所做的一切，這裡沒有一體適用的祕訣。無論你想在何時何地，加一點摩擦或很多摩擦，都必須權衡自己組織的目標、價值觀、人才和限制，包括金錢、傳統、規則和法律，以及權力關係的運作。

首要問題

我們稱這項藝術與科學為「摩擦鑑識」（friction forensics），並提出八個診斷問題來幫助指導此類決策。首先要問的兩個問題是：「你這樣做是對，還是錯？」與「你是否有足夠的技巧和意願來做好這件事？」

摩擦鑑識

你想讓一件事變得簡單，還是困難？

一、你這樣做是對，還是錯？

二、你是否有足夠的技巧和意願來做好這件事——或者你是否需要學習如何去做或激發自己的動力？

三、失敗是否所費不高、安全、可逆且具啟發性？

四、拖延是否浪費、殘酷或徹底的危險？

五、人們是否已經負荷過重、疲憊不堪、精疲力盡？或者他們有餘力能接受更多？

六、需要人們單獨工作，還是一起工作？要做好這件事，不同的人、團隊和組織需要多少協調（合作）和配合（願意合作）？

七、減少或消除某些人的摩擦，是否會導致它轉移到其他人身上？你是否在正確的地方，讓事情變得更容易或更困難？摩擦的重新分配是否符合道德與公平？還是它是無情、破壞性、剝削且殘酷的？

八、這些辛勤、挫折、痛苦和掙扎所帶來的承諾、學習與社交連結，是否值得人們承受這些身心和金錢負擔？

當一件事（無論是行動、服務或創造）是安全且經證明有效時，通常代表它應該可以快速且容易地執行、使用或獲取，比如美國運輸安全管理局（簡稱ＴＳＡ）針對「受信任的旅客」的「預先安檢」計畫。讓可能的恐怖分子、有空中鬧事前科者，以及其他犯罪分子遠離商業航班，是謹慎的做法。自二〇〇一年世界貿易中心和五角大廈遭受恐怖攻擊以來，ＴＳＡ已對數百萬乘客進行過篩檢，並學會辨識風險較小的乘客。二〇一一年，ＴＳＡ提出「預先安檢」計畫，讓事先經過核准的低風險乘客可以快速通關，不必脫鞋子或外套，或是從包包取出液體和筆記型電腦。截至二〇二一年十二月，根據ＴＳＡ的報告，九四％的「預先安檢」乘客，等待時間不到五分鐘（ＴＳＡ常規線路的乘客通常會等待十五到二十分鐘）。「預先安檢」為大約五百萬名登記乘客免除了許多麻煩和困擾。在《淤泥效應》一書中，凱斯・桑思坦估計，如果「預先安檢」用戶每次出行平均節省二十分鐘、每年出行四次，那麼該計畫每年可以為美國人節省四億小時。[3]

有些時候，你知道某件事很蠢、很危險或永遠行不通，那摩擦修復師的工作，就是讓它變得困難或完全不可能做到。這就是為什麼酒後駕駛、性騷擾和謀殺都是違法的，以及為什麼ＴＳＡ要盡一切可能阻止乘客攜帶上膛的槍枝登機。

但是，如果證據還不明確或紛歧，最好的做法往往就是等到你更了解是否、何時、怎麼做或使用某件事的資訊之後，再採取行動。正如前美國第一夫人愛蓮娜・羅斯福和海軍上將海曼·李高佛等領導者所說的：「從別人的錯誤中學習。人的一輩子還沒長到讓自己可以把這些錯誤全部犯一遍。」❹觀察那些迫不及待、急躁冒進的人，並向他們學習，你可以避開他們犯下的錯誤。有時生活就像一個捕鼠器：第一隻老鼠被壓扁，第二隻（或第三隻或第四隻）老鼠搬走起司。

針對推出新業務和新產品的相關研究指出，所謂的「先行者優勢」最多也只是危險的片面事實。當市場變幻莫測、不確定性很高時，先行者往往會陷入困境，因為消費者還沒準備好接受他們的概念，或者被糟糕的早期產品敗興。結果後來推出產品或服務的公司成了贏家，部分原因就是它們從熱切先行者的致命失誤中吸取了教訓。亞馬遜並不是第一家線上書店，早已陣亡的Books.com和Interloc才是第一批先行者。網景是第一個商業上成功的網頁瀏覽器，它比Google還要早幾年問世。在臉書出現之前，Myspace是一個相當成功的社群網路服務。Couchsurfing的創立也早於Airbnb。一馬當先是有風險的，因為聰明又快速的後來者，可以從你的困境中學習與超越你。❺

一項針對瑞典烹飪節目《我家七點半》（*Half Past Seven at My Place*）獲勝選手的研究顯示，這種「先行者劣勢」是如何發生的。在這個節目上，每週一到週四晚上，四名參賽者輪流為彼此做飯。每頓晚餐後，三位嘉賓都會對主人準備的晚餐進行評分——週四的晚餐後，獲勝的「本週大廚」就會揭曉。經濟學家阿里·艾哈邁德分析了這個真人秀共四十一週的節目。艾哈邁德發現，排除有多人因票數相同而並列獲勝的那幾週後，週一晚上做飯的東道主中只有八％被選為獲勝者。週二晚上做飯的參賽者表現好一點，有一八％的人獲選為唯一贏家。而週三晚上做飯的參賽者中有二九％，週四晚上做飯的參賽者中也有二九％被票選為唯一獲勝者。❻

正如康納曼在《快思慢想》中所說，當你處於「認知雷區」時——你不知道什麼決定最好、覺得困惑、情況很不順利，或者你還沒有培養出可以把這件事做好的技能時，最好放慢速度、思考、做更多研究，並權衡利弊。那些在週三和週四做飯的參賽者，有更多時間學習和思考競爭對手的哪些做法有效、哪些無效，因此能做出更好的餐點。正如我們在前文提到的，諾姆．巴丁暫停了位智的人員招聘和產品開發——當時有大量用戶停用位智導航應用程式的早期版本——停下來釐清情況，也可以是策略性和刻意的舉動。

這個邏輯也解釋了為什麼創意工作是、也應該是困難與令人沮喪，有時甚至令人身心俱疲。技巧高超的創作者會找到一些沒那麼低效的方法，例如：更快地產生點子、測試有前瞻性的構想而不是無休止地爭論，以及快速斬去糟糕的點子。但大量學術研究證實，沒有一條快速、簡單的創造力之路。心理學家泰瑞莎．艾默伯研究創造力已有四十多年了。她說，如果你想扼殺創造力，就堅持讓人的工作方法標準化、在每項任務上盡可能少花時間、盡可能少失敗，以及要求人解釋他們如何花費每一分鐘和每一分錢，並證明合理。❼富有想像力的人因為生活在認知雷區中，一旦被迫快速、有效率並避免犯錯時，表現就會很差。如果他們沒有不斷地掙扎、感到困惑、失敗、爭論、嘗試、修改和駁回新構想，那麼他們就做錯了。

傑瑞·宋飛是美國長青熱門喜劇節目《歡樂單身派對》的主演兼共同創作者，《哈佛商業評論》編輯採訪他時問道：「你和拉里·大衛一起創作了《歡樂單身派對》，沒有傳統的編劇室，倦怠是你停止創作的原因之一。有沒有更可持續的方法？麥肯錫或其他人可以幫助你找到更好的模式嗎？」傑瑞問：「麥肯錫是誰？」在得知麥肯錫是一家顧問公司，而且他們並不搞笑後，他說：「那我就不需要他們了。如果你很有效率，那麼你的做法就錯了。正確的道路是難走的路。」❽

摩擦鑑識

一旦確定你已經知道要做的正確（或錯誤）的事情是什麼，以及人們是否有足夠的意願和技能來做好這件事之後，就可以提出、研究和辯論另外六個問題，協助判定是否該讓某件事變簡單、困難或行不通。

就以拉茲洛·博克在掌管 Google 人力營運部時設置的一個簡單障礙為例。該公司有一項傳統，就是對求職者做一輪又一輪看似沒完沒了的面試，才決定是否錄取。我們第一次聽說這項傳統，是二〇〇二年從 Google 共同創辦人賴利·佩吉口中。賴利說，他得罪了很多求職者，因為 Google 叫人來面試了十次以上，但仍然拒絕了大多數人。賴利認為，雇用適合 Google 古怪文化並具有強大領導潛力的人，對於擴大公司規模至關重大，因此值得花大量時間面試求職者（並惹怒當中一些人）。

隨著 Google 的成長，這種做法演變成一個「神聖不可侵犯」規則，但對大多數求職者來說不必要，它不僅嚇跑頂尖的求職者，還加重了六、八、十、十二或十五名 Google 員工面試、評估和討論每位求職者的負擔。有時情況甚至更糟。拉茲洛告訴我們：「有人面試了多達二十五次（！），還是被拒絕了。」

因此，他制定了一個簡單的規則：如果要對一名求職者進行四次以上的面試，必須得到他的批准才能申請例外。大多數 Google 員工都不願意向拉茲洛這樣的執行副總裁請求破例，因此對大多數求職者來說，這項陋習消失了。拉茲洛補充道：「我那時候才學到，層級制度的力量真的能做一些好事。」❾

＊　＊　＊

讓我們用八個摩擦鑑識問題，評估拉茲洛的簡單招聘規則：

一、拉茲洛有充分的理由相信，無止盡的面試是一個大問題，而增加這道障礙會有效——或至少值得一試。

二、這條規則非常簡單，他的人力資源團隊可以毫不費力地實施，Google 面試官也可以輕鬆學會。

三、這條規則的實施成本低廉，並且易於修改或逆轉。

四、這條規則減少急切的求職者和想雇用他們的 Google 團隊的挫折感和延誤。

五、大多數 Google 面試官已經很忙了——倦怠和疲憊是公司許多角落的問題。這項改變非但沒有加重這些已陷入困境員工的負擔，反而減輕他們的負荷。

六、實施這項改變幾乎不需要協調或協作；只要簡單地宣布，並且（絕大部分）由 Google 員工溫和地互相敦促遵守新規則就行了。在撰寫職缺描述、挑選和面試潛力看好的求職者，以及決定雇用誰等方面，協調和協作仍然非常重要。不過，減少參與人數可以減輕這種負擔。

七、這條規則造成的障礙並不是剝削性或殘酷的，因為它在正確的地方增加了摩擦，在錯誤的地方減少了摩擦。

八、舊有的沒完沒了面試，確實產生了「辛勞帶來愛」的效應，增強了面試官和熬過層層關卡的求職者之間的承諾感和社交連結。這是這條簡單招聘規則可能會帶來負面影響的部分。

艱難的取捨

拉茲洛的規則巧妙與具指引作用，而且（除了辛勞帶來愛效應可能減弱之外）似乎對每個受影響的人都有幫助。然而，組織生活通常比這更混亂，要弄清楚該在哪裡增加和減少摩擦，可能需要艱難的取捨。電子病歷的研究說明了這一點。儘管我們非常欣賞艾許頓博士在夏威夷太平洋健康中心的「擺脫蠢事」計畫，但在這類體制中增添加重用戶負擔的步驟也有好處。

這是在對四十二名急診科醫生進行兩年追蹤後，管理研究人員吉莉安·賈克爾和安妮塔．塔克發現的結果。他們研究了這些醫生是否為腹痛患者進行超音波掃描做出的大約一萬個決定。對於某些類型的疼痛，包括疑似膽囊問題，美國急診醫生學會建議超音波為最準確的檢查。至於其他症狀，包括腹絞痛、腹瀉和吐血，其他診斷工具（例如：實驗室檢查或電腦斷層掃描）可提供比超音波更準確的診斷，或是超音波無法提供的額外資訊。

吉莉安和安妮塔發現，給這些醫生帶來一些「程序摩擦」，能迫使他們停下來思考，患者的症狀是否代表真的需要超音波檢查，或者超音波檢查只能提供極少或根本毫無有用的訊息。免去不必要的超音波檢查，讓患者在擁擠的急診室等待的時間更短，也避免了再做一次檢查的壓力和麻煩。消除不必要的超音波檢查，還減少了患者的住院費用和醫院放射師的工作量，畢竟放射師經常是十分忙碌勞累的。

這項研究中的四十二名醫生，每一位都定期在兩家相距不到八公里的醫院急診室工作。在二〇〇九年至二〇一一年間，「總醫院」要求在晚上和週末安排超音波檢查的醫生，必須事先找放射師討論患者是否需要檢查。接下來，醫生必須寫一份單子來證明這項決定的合理性，並將單子交給超音波技師，再由超音波技師進行檢查。這個證明為合理的程序需要花醫生十五到二十分鐘的時間。相比之下，「旗艦醫院」在同樣期間要求進行超音波檢查的醫生，只需在電子病歷系統中點擊滑鼠幾下即可完成。

費時大約一分鐘，也不需要與放射師交談或寫單子。就算患者只需要做斷層掃描和實驗室檢查就足夠，根本不需要超音波檢查，但旗艦醫院的醫生還是經常要求這三項檢查全做，因為要加上去非常容易。

總醫院的醫生被迫停下來思考患者是否真的需要超音波檢查——獲取有關患者病情的額外資訊（與降低醫療事故風險），是否值得他們花費十五或二十分鐘的時間。這項證明為合理的步驟產生了很大的影響。在總醫院，醫生為腹痛患者進行超音波檢查的比例為八％，而在旗艦醫院工作時，這個比例為一九．一％。吉莉安和安妮塔發現，這種「程序摩擦」，使患者在急診室的停留時間縮短約三十分鐘，這兩年內的費用減少了約二十萬美元，並且對患者的健康沒有明顯的負面影響。[10]

對更廣泛現象帶來啟示的教訓是，馬克．祖克柏在二〇一一年誇口說，對於臉書用戶來說，「從現在開始，這是一種無摩擦的體驗」[11]，這其中其實潛藏著陰暗面，而亞馬遜、Siri、Shopify、Uber帶來的近乎即時的滿足同樣如此——許多現代化的便利設施都是。正如六歲女孩布魯克．奈澤爾的例子，她透過父母的智慧音箱訂購了玩具屋（和兩公斤餅乾），一些老式的不便其實是迫使我們停下來思考：「我們應該這樣做嗎？」而不僅僅是：「我們可以這麼做嗎？」

另一個複雜的問題是：要決定摩擦的好壞，取決於你所處的位置。總醫院的程序摩擦對病人來說是贏，他們節省了時間。對保險公司來說也是贏，因為他們不用支付檢查費用了。對於忙碌不堪的醫生來說則是輸，他們被迫花更多時間證明必要的檢查是合理的。對於醫院的營收來說也是輸，因為更多的超音波檢查會帶來更多的收入。

當人們利用摩擦為武器來減緩、迷惑或驚嚇敵人時，這是好是壞完全取決於你站在哪一邊。以《簡單破壞實戰手冊》為例，這本手冊是二戰期間由美國戰略服務辦公室（中央情報局的前身）發給「公民破壞者」的。[12]這本於二〇〇八年解密的手冊，其中充滿了為納粹占領國的破壞分子提供的建議，鼓吹他們採取「故意的愚蠢行為」來阻礙自己工作的工廠、辦公室和運輸服務部門的生產力和士氣：「破壞者可能必須顛覆原有的想法，應該用很多例子來告訴他這一點。以前他想保持工具鋒利，現在他應該讓它們變鈍。以前潤滑的表面現在應該粗糙；原本勤奮的他，現在應該變得懶惰、粗心等等。」

手冊提供數百條「針對簡單破壞的具體建議」，以下是我們最喜歡的幾項建議：

- 工程師應該盡力讓火車運行緩慢，或者以看似合理的原因無預警停車。
- 堅持一切透過「管道」來做，絕不允許為了加快決策而走捷徑。
- 如果可能，將所有事項提交給委員會「進一步研究和考慮」。盡可能擴大委員會的規模。

- 為了降低士氣，進而降低生產，要對低效的工人和顏悅色；給予他們不應得的晉升。歧視高效工人；偏頗地埋怨他們的工作。
- 成倍增加發出指令、發工資等所涉及的程序和審核。原本一個人就能批准的事，都改成必須由三個人批准。

這種破壞活動所產生的破壞性摩擦，對納粹來說是地獄——而這正是美國及其盟友想要的。

蟑螂屋問題

以摩擦為武器對抗納粹是有充分理由的——但要小心出於自私和卑鄙的原因而利用污泥的誘惑。有許多貪婪、剝削、有時甚至是殘酷的人士和公司，故意讓客戶和員工很難或不可能獲得他們應得的款項、服務或訊息，因為這可以節省這些小人的金錢、時間和麻煩。

網路上充斥著欺騙性介面，專門用來欺騙、淹沒和迷惑用戶，分散用戶注意力。英國的使用者體驗顧問哈利·布里格努爾（Harry Brignull），將這些操縱方法稱為「欺騙性設計」或「黑暗模式」。哈利於二〇一〇年創建了darkpatterns.org，目的在命名和定義各種令人厭惡的模式，提高人們對這類危險和補救方法的意識，並「公開批評使用這些模式的公司」。⓭比方說，你我大多數人都是「蟑螂屋」或「單向門」問題的受害者，它讓人幾乎毫無摩擦地陷入某一處境，然後就很難或不可能逃脫。

舉例來說，評論員格雷格·本辛格二〇二一年在《紐約時報》的社論〈停止操縱機器〉中，抨擊亞馬遜公司是蟑螂屋，因為「取消一百一十九美元的Prime訂閱是一個迷宮般的過程，需要經過多個螢幕畫面和點擊」。⓮唉呀，行為設計師與《鉤癮效應》一書的作者尼爾·艾歐認為，本辛格的文章簡直是「令人啼笑皆非」的虛偽。

尼爾記錄了他在二〇二二年初取消訂閱《紐約時報》時所經歷的磨難。他首先必須點擊三個螢幕畫面，才能獲取有關取消的資訊。然後他被要求致電或與線上客服交談。尼爾選擇了線上交談。「希拉」首先要求他解釋取消的原因。隨後，尼爾又經歷了希拉的多輪抵抗和談判，最終她才同意取消尼爾的訂閱。希拉發了一則又一則的訊息給他，內容包括「請再想一想，真的，這個優惠以後可能不會再有了。請再考慮一

下。相信我，你不會後悔的。」正如尼爾所說：「這個過程一直持續到我終於被允許離開。」⓯

尼爾向《紐約時報》提出了「後悔測試」，任何公司的領導者如果可以抑制自己的貪婪，希望讓用戶免於進入蟑螂屋，都可以這麼問：「如果人們知道需要採取什麼措施才能取消，他們還會訂閱嗎？」認真對待這個問題的摩擦修復師，就能尊重客戶的時間，避免虛偽，並修復組織的聲譽。至少在加州，包括《紐約時報》在內的公司，現在都面臨必須關閉蟑螂屋的摩擦。自二〇二二年七月起，根據加州新法：「線上註冊的用戶必須能夠立即取消訂閱，透過網站上的直接連結或按鈕，或者預先格式化的電子郵件，消費者不需要添加其他資訊就可以直接發送。」⓰

Netflix 歷史上的一次事件，為關閉蟑螂屋提供了令人信服的論據，即使是在法律允許蟑螂屋存在時也是如此。這樣做反而能建立競爭優勢，因為客戶可以輕鬆終止訂閱。當我們注意到終止 Netflix 訂閱是多麼容易（只需點擊滑鼠幾下）後，我們向兩位前高階主管詢問了背景故事：前數據科學與工程副總裁艾瑞克．科爾森和前人才長珮蒂．麥寇德。

艾瑞克告訴我們，當他二〇〇六年剛到 Netflix 時，客戶必須打電話給客服人員才能取消訂閱，這讓他和同事感到困擾。然後，大約在二〇〇七年，執行長兼共同創辦人里德·哈斯廷斯發送了一封電子郵件給全體員工說：「正確的做法是讓退訂變得容易。」因此，Netflix 工程師在帳戶頁面上放置了一個「取消按鈕」。艾瑞克和他的同事對這一改變感到自豪，因為這是客戶想要的，這也挑戰他們「要讓產品好到客戶不想取消」。他們不想成為「人們付了錢卻沒在用的服務——比如閒置的健身房會員資格，對顧客沒有任何價值，而且會壞了口碑」。⓱

珮蒂在 Netflix 創立後的十四年間擔任高階主管，並協助推動了該公司在二〇一二年的驚人成長。珮蒂認為，公司長期的成功，得益於這種「非常深思熟慮」的「讓退訂和重新啟用變得容易」的策略。珮蒂指出，「惹惱消費者」也許會帶來短期利益，但「長期的訂閱模式才能創造最大的利潤——長達數年或數代」。⓲艾瑞克後來擔任線上時尚零售商 Stitch Fix 的演算長，他補充說，那些讓退訂變容易的公司，可以獲得更好的數據去了解如何保持客戶滿意度和忠誠度。這是因為公司的「回饋時間」更快，而且這些數據也更少雜訊，因為大多數客戶之所以保留服務是因為他們想要，而不是因為他們被困在蟑螂屋裡。

各位親愛的老闆，如果對你來說最重要的是支持誤導性指標和短期營收，那你大可繼續將摩擦鑑識集中在這類劣質污泥的策略應用上。你的律師也許可以幫你以完全合法的方式竊取人們的時間和金錢，打擊他們的尊嚴和心靈。但如果你的目標更高，也更高尚，那就該開始獎勵員工、消除你商業模式中的雜訊、延誤和侮辱了。正如Netflix所證明的，以長期取悅和幫助人們來獲利當基礎，建立一個成功的企業，是可能的——獲利也許還更豐厚。此外，隨著有越來越多組織消除錯誤的摩擦，不良行為者就會顯得更加突兀，被揭發和指責為害群之馬，並因此感受到改變的壓力——這會幫助所有人過更好的生活。

你需要油門，也需要剎車

我們欽佩那些能超乎預期，以更短時間完成更多事情的團隊和組織。我們撰寫《摩擦計畫》的部分原因，就是要了解這些高速魔人如何避免、移除或衝破障礙。這就是為什麼我們對派崔克·柯里森的「快速名單」著迷。[19] 派崔克是舊金山金融服務公司Stripe的執行長兼共同創辦人。他挖空心思要讓美好的事情在各地迅速發生，而不僅僅是為了Stripe的客戶和員工。派崔克編目記錄了公司、非營利組織和政府中，「人們快速共同成就大事的例子」。快速名單上的案例包括在六十天內打造了「聖路易精神號」的團隊，這是查爾斯．林白於一九二七年首次從紐約直飛巴黎時駕駛的著名飛機。還有迪士尼樂園：「華特．迪士尼『地球上最快樂的地方』的構想，在三百六十六天內就化為現實。」

我們和派崔克一樣，厭惡因貪婪、無能和荒謬的繁瑣規定而導致的摩擦慘案。他指出，舊金山市官員於二〇〇一年提議為舊金山范尼斯大道建造一條公車專用道，並於二〇〇三年獲得選民同意。這項計畫直到二〇二二年的愚人節才峻工——從動工到完成整整花了七千六百天。市政府官員為這個計畫的超級蝸步找了蹩腳的藉口。舊金山灣區在工程建設的最後十年多半遭逢嚴重的乾旱，但舊金山公共工程發言人依舊聲稱：「該計畫延遲，是因為自動工以來潮濕天氣增多。」

然而，當我們深入研究派崔克快速名單上的案例記載時發現，他所讚賞的許多計畫最終能取得成功，是因為在關鍵時刻，摩擦修復師大幅放慢了速度，做了必要、困難且低效的事情。他們踩剎車是為了稍後猛踩油門做準備，或者是為了解決過去長時間超速行駛所造成的問題。

比如派崔克名單上的第一個案例：「迪伊．霍克只有九十天的時間，必須從無到有推出BankAmericard卡（VISA卡的前身）。他做到了。在這段期間內，他簽下超過十萬名客戶。」是的，在一九六八年，事情就是進展得如此神速。正如已故的迪伊．霍克在《隱形VISA》（*One from Many*）一書中所說的，隨著一家又一家銀行在一九六〇年代後期開發出自己的信用卡，這個蔓生、割喉且監管薄弱的市場，逐漸充斥欺詐、低效率和不信任。⑳對於客戶、商家和銀行來說，信用卡業務瀕臨難以維持的邊緣。迪伊在美國銀行上司的支持下，花兩年時間帶頭開展一場充滿衝突的艱難「牧貓行動」，試圖讓銀行和商人之間建立合作。結果，一家獨立公司於一九七〇年誕生，由迪伊擔任創始執行長。

現在它被稱為Visa International，是一個由所有發行VISA卡的金融機構組成的去中心化會員組織——這使得商家可以在任何地方接受任何銀行發行的任何VISA卡。會員銀行使用共同的清算中心，保證商家可以收到買家支付的購物款項、銀行之間的交易清算，以及客戶能收到帳單。目前VISA卡的數量已經達三十九億張，由一萬四千九百家金融機構發行，超過八千萬商家接受，每年處理的交易總額超過十四兆美元。㉑

迪伊知道，各家銀行朝不同方向猛衝的做法，對信用卡業務中的所有人都沒有好處。他知道該注入摩擦的時候了——正如我們的鑑識清單所建議的——因為銀行和商家不知道該做哪些正確（或錯誤）的事情，才能挽救這項業務（更不用說該如何做）。當他們放慢腳步思考該做什麼時，迪伊和他的銀行家同事們意識到，要取得成功必須大量的合作、協調和承諾，因此他們需要花些時間開發解決方案，使成員能輕鬆地一起合作，但也要讓成員很難打破或改變協議，才能迫使他們遵循共同規範和業務流程。

其他挑戰則要求人們掌握摩擦變速的藝術和科學，在踩油門和剎車之間不斷、即時地進行轉換。這項技能包括在上一刻快速行動並承擔風險，然後下一刻又放慢速度、反思並避免危險的錯誤。我們對美國軍隊最精銳的戰隊海豹突擊隊進行的案例研究揭露，他們的新兵在前六個月的訓練期間所經歷的極限磨練（尤其是地獄週期間，每天二十小時的劇烈體能活動），不只為了篩除體能沒達標的成員，也不只為了利用「辛勞帶來愛」的技巧，在海豹突擊隊員之間建立極度的忠誠、信任和連結。㉒

新兵中有大約二〇％能熬過這六個月的考驗，而他們之所以能獲選，並為此感到無比自豪，是因為他們能迅速判斷何時該迅速行動、炸毀建築物、橋梁和車輛與射殺敵人，同時又知道何時該稍作停頓，避免傷害和殺錯人、破壞錯誤的目標，並讓自己身陷不必要的險境中。他們必須在一切都出錯、混亂、困惑的情況下，可以這樣做。還有當他們精疲力盡、受傷、面臨生命危險、最親密的朋友在身邊死去時，同樣能做到這些。

海豹突擊隊無疑符合派崔克對「快速共同成就大事」組織的定義，並擁有無數卓越紀錄，包括二〇一一年在巴基斯坦擊斃賓拉登的突襲行動、二〇一二年營救遭索馬利海盜綁架的人道主義工作者潔西卡．布坎南（Jessica Buchanan）和波爾．哈根．提斯泰德（Poul Hagen Thisted）（海豹突擊隊在幾分鐘內殺光了九名綁架者，而且沒有任何人員傷亡），還有數十次閃電般的突襲和救援。如果沒有踩剎車，進行為期六個月的磨練、選拔和訓練每一位隊員，海豹突擊隊招牌的決絕效率是不可能實現的。他們不斷練習和演練，對每一次任務進行周密的計畫。海豹突擊隊在激烈的戰鬥中對何時該暫停評估局勢、何時該開始行動做出即時判斷的熟練能力，都直接源自這個選拔過程和訓練。

第3章 摩擦修復師如何工作

幫助金字塔

在我們的一個工作坊裡，一位執行長桑德拉這樣描述她的角色：「我的工作一半是組織設計，一半是治療。」像桑德拉這樣自豪的摩擦修復師教導我們，他們的技藝包括以兩種方式幫助他人。第一種提供幫助的方法是**預防和解方**——在組織中實施大大小小的改變，讓正確的事情變容易，錯誤的事情變困難。這是屬於組織設計的部分，也是每個摩擦修復師的主要使命。

第二種方法是處理摩擦問題的**症狀**。這項工作包括桑德拉談到的「治療」：讓他人和你自己保持理智和動力，這樣你們就可以在崩壞的體制中一起存活下來，並增強勇氣和魄力去修復它們。摩擦修復師還可以幫助其他人應對症狀，指引他們找出最好（或最不壞）的途徑通過泥沼。摩擦修復師也扮演避震器的角色：做日常瑣事、處理合理與不合理的要求和干擾、忍受無理的殘酷行為，讓其他人免受磨難。

再次強調，我們要傳達的訊息是，只要團隊或組織中的每個人都盡己所能，在自己的本職上以手邊資源做出改善——而不是把摩擦問題當成別人的問題，摩擦問題就會減弱，造成的傷害也會減少。無論你在組織中的影響力有多渺小（或非常大），都可以成為幫助客戶、民眾、同事或老闆處理摩擦問題症狀的領導者。比起處理症狀，預防和修復需要動用更多的權勢，通常也需要更多的耐心和堅持。

本章會介紹我們對摩擦修復師工作的粗略分級。如【圖表3-1】所示，我們的幫助金字塔有五層，這取決於你需要多少影響力來幫助處於自己摩擦錐中的人。最下面的三層著重於減緩症狀衝擊的方法：**重構**、**導航**和**保護**。最上面的兩層是關於預防和解決摩擦問題：**鄰里設計與修補**，以及**體制設計與修補**。

摩擦修復：幫助金字塔

①重構

摩擦修復師的工作包括引導他人調適心態，因為組織生活中的許多障礙和挫折很難或不可能消除，至少目前如此。重構位於幫助金字塔的底部，因為每個摩擦修復師

【圖表 3-1】

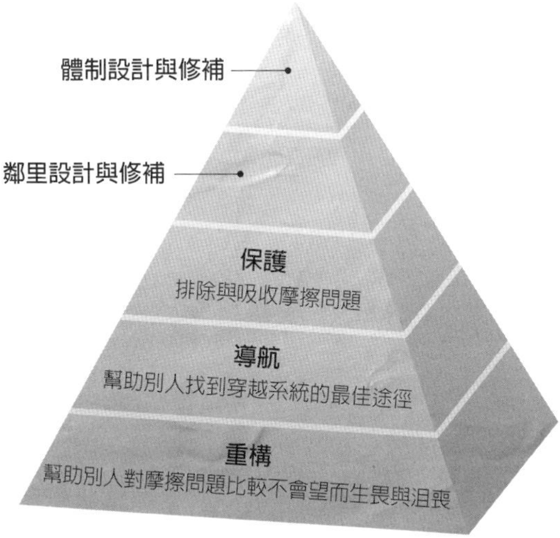
體制設計與修補
鄰里設計與修補
保護
排除與吸收摩擦問題
導航
幫助別人找到穿越系統的最佳途徑
重構
幫助別人對摩擦問題比較不會望而生畏與沮喪

都可以讓自己、同事和客戶寬心，增進自己和他人的心理健康，保持鬥志，同時強化社交關係——即使他們依舊要面臨荒謬的規則、各種繁瑣規定，還有小心眼又霸道不講理的人。必要的延誤、規則和障礙讓人煩躁、憤怒或擔憂時，摩擦修復師也會幫助他人學習應對。精明的摩擦修復師知道，如果能讓身處體制中的員工和客戶感到安全、平靜和受到尊重，而不是覺得無助或身不由己，那麼一個設計良好的體制會運作得更好，他們自己的工作也會更輕鬆。

摩擦修復師使用的方法類似認知行為治療師，也就是幫助患者

「重新架構」或「重新評估」挑戰和挫折，降低事情帶來的沮喪或威脅感。這套方法由現代認知行為療法之父、精神科醫生亞倫．貝克在一九五〇年代開創，至今已有兩千多項研究證明了這套方法對治療焦慮、憂鬱和其他心理健康挑戰的有效性。認知行為治療師教導患者，以不同的、更積極的角度重新定義困難的經驗和擔憂，並以對自己和身邊的人更有建設性的方式改變行為。這樣的重新評估，包括學習辨識和避免消極扭曲的思維，例如：災難化（直接跳到最可怕的後果）、將注意力放在壞經驗裡好的一面、接受壞消息和失敗不應該怪在自己身上、在惡劣情況裡看到幽默荒謬、將挫折沮喪視為短暫的麻煩，不會纏著你幾個月或幾年。❶

魯瑪娜．賈賓（Rumana Jabeen）是加州伯林格姆的房地產經紀人，幾十年來一直位居美國經紀人銷售額前一％之列。當年魯瑪娜在幫蘇頓賣房子時，蘇頓發現她是如何巧妙地利用重構，安撫了被出售房屋的各種麻煩事嚇壞的客戶（包括蘇頓）。魯瑪娜說，當客戶對出售房屋時要準備的各種文件、房屋維修、掛牌價格和其他麻煩事感到恐慌時，她會向他們保證，大多數客戶之後都會很驚喜，因為這個過程沒他們擔心的那麼難——而且很可能新客戶的體驗也會是如此。魯瑪娜還使用了「這也會過去」的方法，也就是心理學家所說的「時間距離」（temporal distancing）。為了幫助客戶應對賣房過程中討厭的意外和挫折，魯瑪娜提醒他們，等短短幾個月房子賣掉以後，他們再回頭看就會覺得，現在這些令人煩心的事也沒什麼大不了的。他們只會奇怪當初為什麼會為一點小事這麼激動，而且最後一切都會有最好的結果。而蘇頓的經驗也證明確實如此。❷

魯瑪娜使用的方法，有心理學家艾瑪．布魯爾曼塞內卡爾和奧茲蘭．艾杜克六項相互交織的研究支持。艾瑪和奧茲蘭發現，當人們遇上不好的事情時（例如：一段長期關係的結束或考試成績很差），如果把注意力放在很久以後（而不是在近期）他們對這些麻煩的感受，就不會這麼擔憂、恐懼、焦慮、憤怒和內疚。❸精明的摩擦修復師能指導其他人，運用人類特有的能力做想像的時間旅行。「時間能治癒一切傷口」和「幽默是悲劇加上時間」之類的說法，或許是陳腔濫調——但也確實可以撫慰我們的心靈。

正如我們史丹佛大學的同事珍妮佛．艾克和娜歐米．拜格多納斯，在《幽默》一書中指出的，當人將痛苦的情況想像成可笑、愚蠢或荒謬時，所承受的情感和身體傷害也會減少。❹專注於可笑的一面，可以讓人釋放緊張情緒，也不再把煩惱看得那麼嚴重。如果人們能一起對眼前一切的瘋狂開懷而笑，他們的關係會變得更緊密。有其他人加入發笑陣容，證明了人們不是獨自受苦，也並非弱者，錯更不在他們。爛的是這個體制。

我們剛開始為摩擦計畫舉辦工作坊時，每當問到：「是什麼讓你的工作變得困難？」，接踵而來的自嘲和笑聲讓我們感到驚訝。現在，正如前言開頭幾頁中略為提到的，我們期待這種黑色幽默傾洩而出，引發哄堂大笑，讓人們吼出、寫下或打出「電子郵件監獄」「開會開到死」「令人抓狂的不透明流程」「追趕流行的管理」「誤傷自己人的火力」「吹牛老闆」「規則狂」「管理魔」「領導痢」「我在挫折製造廠裡賣命」「我在不行塔裡工作」「官腔領導」「空話販子」，以及數百個更可怕但有趣的用語。這種幽默使人能談論自己的挫折和痛苦，為彼此提供情感支持，有時則激勵他們團結起來，開始修復和消除這些摩擦麻煩。

② 導航

幫助金字塔的第二層是扮演引路嚮導。也就是引導同事、朋友、客戶和民眾，找到最快、最有價值、最便宜、最少干擾、最有趣或最安全的途徑穿越體制——而無需改變體制本身。摩擦修復師提供的導航技巧，有時是關於如何避開我們將在第 9 章討論的「墨守者」（gunk people）。這種人特別愛找碴，阻礙組織運作，例如：職場正義魔人（workplace vigilantes）。

研究人員凱蒂·德塞勒斯和卡爾·艾奎諾，將「職場正義魔人」定義為不信任同事和客戶的人，而且將自己任命為「法官、陪審團和正義的使者」（儘管他們沒有權力這樣做）。他們的調查發現，有四二%的美國人在職場上碰過「自認有某種權力」和「總是在盯誰沒有百分之百遵守規則或紀律」的人。❺正義魔人覺得自己有責任批評、懲罰和告發同事，無論這些同事犯的是他們想出來或真實的過失，例如：遲到兩分鐘、辦公桌凌亂，或者就像一位人力資源經理告知一名員工的：「有人看到你從隔壁座位上抽了一張衛生紙。有第三方投訴你偷了衛生紙。」❻

摩擦修復師可以幫助同事、客戶和民眾辨識並避開正義魔人和其他墨守者，並引導他們去找在第9章中討論的「潤滑者」（grease people，潤滑者以教導他人避開和加快通過繁瑣規定與其他障礙而自豪）。當我們向一家科技公司的高階主管描述職場正義魔人研究時，幾位高階主管立刻滔滔不絕地談起他們是如何強力提醒新員工「不惜一切代價避開人力資源部的桑傑」。他們警告新人，桑傑會讓你「日子變得很難過」，他會堅持要你嚴格遵守每一條規則（根據這些高階主管的說法，這包括根本不存在、是桑傑自己想出來要他人遵守的規則）。

我們在第1章中談到的那位親切的DMV員工，就是一個導航員的好例子，他幫助人們穿越複雜與令人眼花繚亂的體制——而且沒有改變體制本身。這個人幫蘇頓和其他大約五十名民眾更快速地行動，心裡更篤定且有控制感，因為他為大家提供了正確的表格，事先為與窗口人員的來往做好準備，指導他們在哪些窗口會需要哪些文件，並告訴他們該去七個窗口中的哪一個。他還向一些民眾解釋說，他們只需填寫一份表格（同時把表格遞給他們），再放入投遞箱中，根本不需要排隊等候。對於其他民眾，他透露了一個壞消息：他們浪費時間等待了。有些民眾需要額外的文件，然後辦事員才能幫助他們（例如：有位女士沒有證明她擁有汽車的「所有權狀」），其他人則需要等待更長時間才能完成交易（比如有位男士還無法獲得亡母汽車的所有權，因為她去世後的四十天等待期尚未結束），有些人想要的服務不是由DMV提供的（包括有位民眾想要更新美國護照，這無法在DMV辦理）。

有些體制崩壞得太嚴重，想通關的唯一方法就是聘請專業導航員。在舊金山，申請改造房屋或企業的許可證，過程非常複雜繁瑣，結果讓這份長達五十八頁的「申請許可證」文件這樣警告民眾：「獲得市方許可證無疑是你體驗過最令人困惑的流程之一。」❼它複雜到就連舊金山規畫委員會（負責監督整個過程）前主席米爾娜・梅爾加（Myrna Melgar），也搞不清楚該如何獲得在她的後院建造涼亭的許可。對大多數舊金山人來說，唯一的希望是聘請「許可證催交員」，他們以超過兩百美元的時薪，「整天在部門裡走動，將客戶的許可證申請送到正確的櫃檯，並做出必要的更動」。

這種陋習滋生了腐敗：多名舊金山官員因收受賄賂加快審批速度而被定罪。這也導致了不平等和不公正，因為負擔不起非法或合法付費入場方案的民眾，根本走不出迷宮。余傑生（Jason Yu）就是這樣的情況，他於二〇一九年聘請了一名建築師，並提交將舊金山教會區一家店面改成冰淇淋店的計畫。到二〇二一年，他已經積欠一名建築師和一名律師超過二十萬美元，再加上每月七千三百美元的租金，這讓他債台高築。但要獲得改建許可證，他還得再跨過十五個大障礙。花光了錢又看不到希望，他只能在二〇二一年四月放棄了挖冰淇淋的夢想。❽ 余傑生失敗的部分原因，是他請不起許可證催交員。

最後，導師對於幫助新進員工應對複雜與令人困惑的職場非常重要——有時組織有正式的指導計畫，有時導師與學員的關係是非正式的。對包括律師、工程師、獄警和軍事人員在內的新進人員研究指出，當員工得到一名或多名關懷且老練的內部人士的輔導和支持時，新員工會體驗到「更高的工作滿意度和績效、更高的留任率、更好的身體健康和自尊、正向的工作關係、更強的組織承諾、職業動機、專業能力，以及職業認可和成功」。

布萊德·強森和吉恩·安德森對美國海軍五十五名軍官和九十四名資深士兵進行的一項研究，記錄了擁有一名或（更好的是）幾名精明導師支持的優點。培養這些健康關係的水兵更有可能留在海軍，感到受到保護和支持，並享受更成功的職業生涯。這些經驗豐富的導師協助的是摩擦修復中「治療」的部分，為學員提供接納和鼓勵，以及情感支持和諮詢。正如一位水兵所說：「我的導師教我控制情緒和自我反省。」研究的參與者強調，有效的導師如何為學員提供穩健的建議，幫助他們在美國海軍的職業機會和風險迷宮中走上正確的道路，利用他們的影響力消除學員成功的障礙（包括糟糕的任務，以及難搞的同事和上級），並為他們創造學習和進步的機會。

一位軍官說：「對現今的新兵來說，他們需要得到指導，確保他們的職業生涯有方向；水兵們需要一個『海爸爸』來讓他們保持在正軌上，並在偏離正軌時讓他們知道！」另一位軍官補充說：「導師可以根據自身經驗來教導水兵，避免他們掉進同樣的坑洞，讓他們減少犯錯並提高學習效率。」研究發現，最好的導師會幫助水兵學會繞過美國海軍厚重的官僚主義，將他們介紹給合適的人，讓他們能建立有支持性、強大的專業網絡，並替他們爭取最好的晉升和任務。一名軍官讚揚了他的導師，因為她讓他「窺見了我需要走的道路」。另一位軍官說明了他的導師如何幫助他學習關鍵技能，並在海軍指揮系統中建立良好的聲譽，因為「當出現高能見度的問題時，他會挑我一起解決問題」。❾

③ 保護

承受和轉移摩擦來減輕別人的負擔，往往比調整觀點和導航更需要勇氣與自我犧牲。保護是顯示出摩擦問題存在的徵兆，但有時也是一種預防和治療方法，因此我們在幫助金字塔中把它放在導航上方。當員工需要強而有力的保護，才能感到安全並專注於工作時，這是體制不良的徵狀，但設計角色和團隊來保護員工，讓他們在工作時能不受干擾和侮辱，這也是健康組織的一個特徵。

社會學家詹姆斯．湯普森在他一九六七年出版的經典著作《行動中的組織》中主張，對於領導者來說，為那些從事組織核心工作的人提供「緩衝」，是「他們非做不可的一件最基本事項」。❿領導者工作的一部分就是頂住壓力、反擊，並將模糊和相互衝突的要求轉化為明確的期望，進而保護手下的人免受來自上層的干擾、困惑、惱怒、時間浪費和愚蠢行為的影響，好讓下屬能專注於自己的工作。

緩衝是管理工作的常規部分。當代管理大師亨利．明茲柏格對高階主管的長期觀察指出，他們以不懈的工作節奏，日復一日處理數十次、有時甚至是數百次計畫內和計畫外的會議、資訊請求、大小危機，以及其他干擾。他們做了這些工作，這樣其他人才能免受其害。正如明茲柏格所寫：「有人曾經半開玩笑地將管理者定義為：會見

訪客，好讓其他人能完成工作的人。」⓫

即使在最健康的組織中，這些日常工作也是必不可少的，但充當人肉盾牌，有時會超出這些日常工作的範圍。在「充滿敵意和壓力」的環境中，優先事項會不斷變換，充斥「突如其來的插隊任務」。軟體開發人員和敏捷教練麥特・戴維森主張，那些保護人們免受「日常衝突」影響的管理者是「擋屎傘」。⓬在這些可怕的地方，從事核心工作的員工，他們最上層的主子對員工成功所需的條件一無所知，還對他們提出荒謬的要求。如果這些員工幸運的話，他們會有「撐傘」的上司，能擋掉和吸收從天而降的屎雨——讓他們可以完成組織的工作，也因此保護這些高層人士免於承受他們無能的後果。

崩壞的組織中傾盆而降的各種蠢事，可能會迫使撐傘人採取極端手段。皮克斯動畫工作室製作出許多經典動畫，如《超人特攻隊》和《玩具總動員》系列，但要不是共同創辦人艾德・卡特莫爾（皮克斯數十年的總裁）和匠白光（電腦動畫電影製作技術的發明者）提供了這樣的保護，這家公司根本不可能存在。大約十年前，我們在皮克斯發表演說提及，最好的上司應該保護下屬免受高層的愚蠢行徑之害，之後就聽到了這個故事。皮克斯資深員工克雷格・古德（Craig Good）在演講結束後走上前來，說起艾德和匠白光「拯救了我們的工作」的那段時光。

一九八五年，克雷格任職於皮克斯的前身、盧卡斯影業的電腦部門。這個部門由艾德和匠白光領導，當時正承受削減成本的壓力，因為盧卡斯影業面臨資金周轉問題。盧卡斯影業當時的總裁道格．諾比（Doug Norby）向艾德和匠白光施壓，要求他們大幅裁員——部分原因是創辦人兼董事長喬治．盧卡斯（因《星際大戰》而聞名）對艾德和匠白光的團隊製作的動畫電影能否獲利沒什麼信心。艾德卻反駁道，只要部門團隊保持完整，他們就可以製作出成功的電影，如果盧卡斯影業決定出售這個部門，那也能保住部門的價值。克雷格解釋說，諾比「一直纏著艾德和匠白光，要一份電腦部門的裁員名單，但艾德和匠白光一直不理他。他下了最後通牒：明天早上九點，你們**帶著**一份名單到我辦公室」。

艾德和匠白光怎麼做呢？根據克雷格所說：「他們九點鐘出現在他的辦公室，摔下一份名單。上面只有兩個名字：艾德．卡特莫爾和匠白光。」諾比終於放棄裁員，幾個月後，史蒂夫．賈伯斯以五百萬美元收購了電腦部門。匠白光、艾德和賈伯斯創辦了皮克斯。幾十年後，這項英勇之舉仍然在皮克斯中流傳不歇。克雷格為能在這家公司工作而自豪，因為老闆曾經賭上自己的職位來保護下屬。[13]

職位較低的人也能保護組織中的核心員工，同時當高階人員的護盾。對第一線工作人員來說，包括櫃檯人員、行政助理、保全和機場登機口工作人員等，這是他們的主要工作。社會學家莎拉．亞伯和盧西安．索耶對一千名英國患者進行調查，想了解他們在醫生診間與櫃檯人員的接觸情況，一些人提到，他們遇到了脾氣暴躁、毫無助益的「櫃檯後的惡龍」。⓮但大多數患者認為櫃檯人員很幫忙，而且很重要——即使他們讓患者無法立即見到醫生。患者明白，如果沒有櫃檯人員來判斷哪些患者需要立即就醫或與醫生通電話，而哪些患者可以等待，醫生就不可能好好工作。

這些守門人也有「炮火捕手」作用，也就是吸收怒氣和辱罵，讓其他人能完成自己的工作。學者保羅．弗里德曼在他的「麻煩處理者」研究中是這樣定義的：⓯

> 炮火捕手是組織的避雷針。投訴者會先聯絡他們。他們的工作有部分是聽取關於其部門產品或服務可能缺陷的資訊。這些人有的叫祕書，有的叫客戶關係總監，有的叫副校長。無論他們的正式頭銜是什麼，炮火捕手都吸收了不滿情緒最初帶來的震盪，提供寶貴的服務。

就以受到憤怒乘客批評的機場登機口工作人員來說，他們保護了機組人員和其他的航空公司員工。研究「職場正義魔人」的凱蒂．德塞勒斯，也剖析了登機口處的「航班起飛前的爭吵」。凱蒂等人在三十五個機場的一百一十七個航班起飛前，觀察到了一百三十一起針對登機口工作人員的「顧客發火」行為。因為排隊過長、航班延誤、擁擠和嬰兒哭泣而感到壓力的乘客，更容易大聲嘆氣、握拳敲桌、喊叫和咒罵。一名乘客「朝一名工作人員身旁（但不是對準人）扔了一大瓶水，因為工作人員不同意『暫停起飛』，讓他回候機室拿落下的手機」。⑯

這帶給摩擦修復師的教訓是，對於醫生、飛行員和數百種其他工作的人員來說，想要有效率、安全地工作，守門人對於篩選、拖延與服務客戶、民眾、同事至關重要。就他們所承擔的苦差事來說，也就是吸收這些人所噴出的沮喪和憤怒，他們同樣不可或缺。

④ 鄰里設計與修補

幫助金字塔最上方的兩層，是運用你的影響力，將適量的摩擦放在正確的地方——這是「摩擦計畫」的主要任務。請記住，在當中加入重構、導航和保護，可以幫助人啟動和維持局部或體制性變革。你還可以使用這些力量來減少無法解決的問題（至少目前如此）所造成的傷害——好讓人有餘力去解決他們可以解決的問題。同時也能減少你想要維持或加重的良好組織摩擦的不利副作用。

設計和修復組織的一小部分，會比整體改造容易——尤其是當組織規模龐大且複雜時。舉例來說，在微軟的一個團隊中進行一點改變，比向二十萬人左右的全體員工推廣要快。當我們與微軟的學習與開發團隊合作時，就看到管理者做出了這樣的局部改變。二〇二一年，也就是新冠肺炎疫情爆發後大約一年，我們注意到與該團隊原本三十分鐘的線上會議，縮短為二十五分鐘，原本六十分鐘的會議，縮短為五十分鐘。該團隊的主管喬許・尼科爾斯（Josh Nicholls）解釋說：「在疫情期間，微軟做了研究，發現虛擬疲勞（virtual fatigue）非常高（尤其是在連續召開的會議上），在會議之間簡單休息五分鐘，就可以提升人們的狀態。Outlook 有一項新的設定，只要開啟這項設定，就可以自動建立延遲五分鐘開始或提前五分鐘結束的會議。如果會議時間為六十分鐘以上，預設就會改為十分鐘。」喬許補充說，這並不是全公司強制進行的變革，但「在我們全球學習與開發團隊是常規」。[17]

喬許團隊的這項舉動，就是摩擦修復師日復一日累積起來的那種小勝利——他們不斷微調，讓工作變得更輕鬆，並保護人們的心理健康。有些人則做出增加障礙的局部決定。只要運用得當，這些負擔能使人的成就更多、更投入工作。

我們的同事佩里・克萊本和傑瑞米・厄特利（在第 1 章中出現過），在他們的 LaunchPad 課程中，就對學生施加了這種有建設性的摩擦，這門課程讓學生「在短短十週內，孵化並啟動一家真正的企業」。LaunchPad只是史丹佛大學哈索普拉特納設計學院（大家都叫它d.school）每年開設的五十多個實踐創新課程之一，也是史丹佛大學每年教授的數千門課程之一。佩里和傑瑞米對申請加入LaunchPad的學生設置了一系列障礙。這些障礙是根據課程理念和目標特別量身打造的，畢竟這個課程的理念和目標在史丹佛裡也是獨一無二，而且比大多數課程都更加艱鉅。⓲

為了選出學生，佩里和傑瑞米每年都要篩選數十個申請加入LaunchPad的團隊。他們會和團隊成員多次面談，評估他們的初期原型和對提案的商業模式、產品或服務的宣傳——以及這些團隊面對老師好意但往往嚴厲的反饋，回應時的韌性和更新能力。佩里和傑瑞米每年會選出十個團隊，每個團隊都需要在課程中開發並啟動自己的事業。學生的工作時程很緊湊，要不斷實驗來開發自己的產品並創造需求。學生在課堂上和Slack平台上，會收到來自佩里和傑瑞米、特邀的投資人和創辦人，以及同儕之間的坦誠回饋。在為期十週課程的第六週，會舉辦一場「貿易展」，約有一百五十人會來參觀設計學院，聽取宣傳並與這些新興公司的創辦人交談——其中一些人會成為投資人或員工。

自二〇一〇年開課以來，LaunchPad已協助一百多家企業創立，募資超過六億美元，並創造了數千個就業機會——其中超過一半的企業仍然以某種形式存在，包括

Ravel Law 這家搜尋和分析公司，後來被律商聯訊收購。Man Crates 寄送禮品盒給喜歡男子氣概的男性，例如：裝著肉乾的原始飢餓箱和骨雕工藝的刀具組。NeuroNav 為患有發展障礙的成年人做生活導航。Sequel 正在重新設計衛生棉條的流體力學，「最終能為女性提供絕不外漏的經期體驗，讓她們能在會議室、體育場和各種場所發揮出最佳狀態」。

除了難搞的篩選過程和辛苦的學業，學生還要簽署十點承諾，包括「我連一次也不會缺課」「我不會抱怨工作量」「我會讓我的產品／服務上市」。在史丹佛大學的其他大多數課程中，學生可以至少缺席一、兩節課，抱怨也不會被禁止。此外，教師雖然可能會談論創業所需的條件，但並不要求學生真的創辦一家企業。佩里和傑瑞米認為，為了建立一家可行的新創公司，並打造由十個相互支持的團隊組成的活力社群，讓錯誤的事情難以做到是必要的：他們會迅速點名那些違反承諾的學生，並要求沒有採取行動建立事業的學生退出課程。佩里也表示，LaunchPad 之所以如此成功並深受學生喜愛，正是因為他們付出了巨大的努力，並克服了一路上的障礙和失敗——他相信，正如我們在第 2 章中介紹的「宜家效應」研究所示，辛勞帶來愛。

二〇二二年春，蘇頓幾乎全程參與 LaunchPad 的課堂，也幫忙上了一些課，佩里和傑瑞米「勸說」幾名感到尷尬但又鬆了一口氣的學生棄修，因為他們沒在團隊或課程中做好分內工作。還解散兩個團隊，因為他們沒能按時開發出產品或服務的粗略原型，無法參與課程第六週舉行的晚間貿易展。這個貿易展對公眾開放。矽谷的投資者、創辦人、高階主管、工程師和任何好奇的人，都能來參觀由各個學生團隊打造並服務的展位，查看每家新興企業的原型和宣傳，並提出一些（通常是棘手的）問題。

我們問了二〇一九年LaunchPad的結業生葛蕾塔．梅爾（Greta Meyer），這個磨人挑戰對她和亞曼達．卡拉布雷斯（Amanda Calabrese）有何影響——這兩位是Sequel的創辦人。葛蕾塔擔任執行長，亞曼達擔任營運長，她們在二〇二二年初募集了五百萬美元，重新改造衛生棉條。葛蕾塔很快就表示，是的，所有的辛勞讓亞曼達和她愛上了LaunchPad——正如宜家效應研究所預測的。葛蕾塔補充說，艱鉅的課程任務、來自佩里和傑瑞米、同學、投資人和顧客毫不留情（甚至是令人難堪）的反饋，讓亞曼達和她摸清彼此的優缺點，建立了無比牢固的友誼，才能讓她們一同闖過一個又一個難關。在二〇二二年和二〇二三年，她們用這種毅力通過了繁瑣的手續和審查，讓FDA相信Sequel的衛生棉條是有效且安全的（因此可以在美國銷售）。她們專利的防漏衛生棉條於二〇二三年八月獲得FDA批准。她們沒有像十年前Theranos的執行長伊麗莎白．霍姆斯和她的同事那樣，試圖繞過FDA難纏的程序——那只會自食惡果。[19]

⑤體制設計與修補

有些努力的目的，是解決組織大部分或全體的摩擦問題，而不是在一小部分（例如：一個團隊或部門）中進行局部變革，但無意引發更大範圍的變革。我們稱前者為「體制設計與修補」。想要修復組織的大部分或全部，需要比局部修補運用更大的影響力，尤其是當組織規模龐大、複雜且充滿派系勢力時。體制性變革往往是由位高權重的主管發出的命令促發。就像德魯・休斯頓的高層團隊，於二〇一三年在Dropbox實施了我們在第1章中討論過的「會議末日」干預措施，事先並沒有徵求員工的意見。一九九七年，賈伯斯重返蘋果公司掌權後，在最初幾週內就解雇了各個業務部門的總經理（都在同一天內）。⑳正如我們將在第5章中詳細介紹的，賈伯斯重新拉起的高層團隊，將他剛回蘋果時公司銷售中的十幾款電腦在一年之內全數停產——然後用四款新型號取而代之。

有些體制性變革也從最高層開始，但之後是由整個組織的人員塑造。夏威夷太平洋健康中心的「擺脫蠢事」活動，由品質長梅琳達・艾許頓博士發起，但後來是全院所的醫生和護理師推動，由他們來找出「蠢事」——在可行的情況下，再由艾許頓博士的團隊修補或移除這些東西。

有時候，「摩擦修復應該由上而下，還是由下而上？」這個問題的最佳答案，就是「皆可」。正如第5章將詳細討論的，由製藥巨頭阿斯特捷利康的普什卡拉・薩勃拉曼尼安（Pushkala Subramanian）領導的「百萬小時運動」之所以能成功，是因為它融合了兩種方法來解放員工的時間。[21]由上而下的變革包括添加一個使用電子郵件的步驟，員工如果要「回覆所有人」，且收件人超過二十五人，那麼使用者必須先暫停，閱讀警語，並再多點擊一次。這個小小的減速阻礙讓員工免於收到數千封不必要的電子郵件。據估計，截至二〇一七年，阿斯特捷利康透過這項努力省下了兩百萬個小時，這家龐大公司各地「簡化倡議者」的努力也功不可沒，比如台灣和泰國分公司實施的無會議日。

有些修復計畫，應該要求在體制中的任何地方以相同方式實施相同步驟，特別是在偏離預定順序會違反法律、造成破壞性混亂和失序或危及生命時。舉例來說，世界各地飛行員使用的標準化飛行前檢查表。這些檢查表是在一九三〇年代一架B-17轟炸機發生致命墜機事件之後制定的。[22]這起事故的肇因，是一名飛行老手忘記解開操控鎖，操控鎖會鎖死飛行操控裝置，使其無法動作。要求每位飛行員，比如波音787夢幻客機的機師，使用相同的檢查表，可以確保沒有人會再錯過這種關鍵步驟。檢查表還有助於機師、副機師和空服人員之間的協調和溝通，即使是第一次一起飛行，他們也知道誰應該做什麼，以及每個人應該何時去做——因此，如果有團隊成員錯過某個步驟時，就可以立即發現。

有些體制即便擁有共同原則和目標，但如果能允許各地團隊量身定制術語、工具和指南來適應在地需求和敏感性，修復效果會最好。喬・麥卡農（Joe McCannon）在二〇〇四年至二〇〇六年間開展「挽救十萬人命」運動時，學到了這個教訓——這項運動挽救了大約十二萬兩千名患者免於可預防的死亡。㉓這項運動由波士頓醫療保健改善研究所主導，向美國七〇%以上的醫院推廣以實證為基礎的做法，其中包括快速反應小組，也就是「觀察到患者病情意外惡化時可以呼叫的專家」。喬發現，對於想發起大規模變革的領導者來說，與其採用分發固定樂譜的策略，不如鼓勵人們「演奏爵士樂」，讓他們依環境調整並嘗試新事物，「但又不會完全放棄原本主題」。㉔

喬補充說，最好的變革推動者「幾乎是充滿玩心」地「找出多種方法」。也就是說，他們會尋找「樂譜」行不通的跡象，這時他們就會「演奏爵士樂」，不斷實驗不同的訊息、工具、人員和合作夥伴關係——同時不斷微調組合方式。他們抗拒僵化單一的理論或方法。無論現在事情進展得多麼順利，他們都知道「讓我們走到現階段的方式，無法帶我們到達另一個階段」。

西北大學的吉莉安・喬恩對加拿大一家大型醫院的研究發現，高層管理人員和變革推動者試圖在六個門診部實施同樣預定內容的每日準備會議時，他們幸運地免於自己的僵化之害，因為各門診部的工作人員沒有遵循樂譜，而是演奏起爵士樂。㉕高層太喜歡原本嚴格的做法，因為事實證明，在住院部全院推廣這種做法時，對於改善協調和溝通非常有效。根據吉莉安的解釋，這種「強制控制機制，要求每個（門診）部員工每天早上與經理會面十五分鐘，討論即將到來的一天。這個討論是標準化且高度結構化的，遵循每日準備表上列出的一系列問題。」每個門診團隊都必須回答一模一樣的問題，例如：「你今天最擔心患者、家屬或工作人員，面臨的哪些已知或預期的安全風險？」「今天我們應該為誰或什麼事喝采？」，以及「什麼事（＋）或（－）會影響我們今天的財務狀況？」

當醫院變革推動者以這種方法培訓這六個門診部的醫護人員、行政人員和管理人員，並敦促實施時，他們卻抵制了。這些員工在回答變革推動者的問題清單的時候，遇到很多問題：「是什麼讓你陷入困境？」「有什麼壓力？」「你整天跑來跑去找什麼？」「你想撲滅的火在哪裡？」員工認為，每日標準化準備會議不適合用來解決門診部的特殊問題。他們的工作不一樣，因為病人整天來來去去——並不是住院過夜且常常要待上多天。

因此，六個門診部的工作人員都抵制其領導者試圖實施的標準化變革。但吉莉安的研究中有趣的地方在於，每個門診部的工作人員的回應，都是開發一種新的在地客製化解決方案，更適合他們的工作——他們拒絕了樂譜，改為即興演奏。

經過試驗與錯誤，其中三個門診部的工作人員開發出量身打造的每日準備會議：每個團隊都實施了自創的指導方針，規定誰主持和參加每日會議、要解決的問題與做出的決定。其他三個門診部完全拒絕新流程，認為那不適合他們的工作。其中兩個門診部改為每週例會，因為每日例會占用患者太多時間。一位臨床醫生解釋說：「週五的（週預覽）會議是為了向前和向後看主要問題是什麼，並討論如果問題再次出現時要如何處理。」

第三個門診部就完全放棄會議。因為每天有太多不同的工作人員進出，要找能讓所有人或大多數人都可以開會的時間，太不切實際。相反的，為了促進溝通和協調，這個門診部開發一種「冰棒棍」系統。患者抵達後，會拿到多根冰棒棍，每根冰棒棍上都有他們在就診期間需要見的不同服務提供者的名字。服務提供者看到病人後，會收走寫有自己名字的冰棒棍，也會指示患者在手上的冰棒棍被收光後就能離開。

五個陷阱：尋找和解決問題的入口

本書的重點在於，如何讓你生活中的組織對它們所影響的每個人來說，變得更好一點——或好很多。每個人多少都會面臨一些錯不在我們、又永遠無法擊敗的障礙和煩惱。有些人的摩擦錐不大，有些人的摩擦錐很大。有些人的影響力小，有些人的影響力很大。

如果你是一名位高權重的領導者，當然可以利用自己的權威和資源，來幫助設計運作良好而不是打擊員工和客戶的體制，而且提供適當的激勵措施來吸引頂尖人才，並獎勵大量的現金、晉升和功績，那麼摩擦修復就會容易許多。然而，我們一再驚訝地發現，即使是看似最強勢的執行長，也挫敗地向我們表達了他們對公司的影響力是多麼有限——其中的障礙包括「頑石」般的中層管理者阻礙工作、無法吸引並留住優秀人才、根本無法滿足大客戶、競爭公司屢占上風，以及條規法令阻礙績效等。與這些行業領袖相比，我們大多數人對生活中組織的影響力要小得多。

我們的幫助金字塔呈現出，這些障礙並不是無所作為的藉口。人人都可以做一些好事。摩擦修復師不會為了自己沒有的東西而煩惱和挫敗，而是從現有的資源著手。

接下來五章中的每一章，都重點介紹一種摩擦陷阱，提供素材供你選擇調配，進而修復摩擦問題。並幫助你在調整配方的過程中，添加或減少一些事。每個陷阱都是一個入口或干預點，一個可以集中火力的地方。我們提供策略、工具、練習和儀式，幫助你解決這些苦惱。

第 4 章〈不知人間疾苦的領導者〉，呈現了權力和特權如何讓大佬變得無知無覺，他們讓正確的事情變得太難，錯誤的事情變得太容易，逼得下面的人要發瘋。我們詳細介紹了領導者可以如何避免和減輕這類損害，以及如何避免落入這種權力中毒，並防止浪費、挫敗和厭惡，以及相關的指責、苛刻唱衰和批評。

第 5 章〈加法病〉，記錄了人偏好增加而不是減少複雜性來解決問題的習慣，如何在組織中引發可怕的連鎖反應，包括毫無意義的規則、繁瑣規定、行政部門膨脹，以及給員工、客戶和民眾帶來的惱人磨難。我們呈現了組織對員工的獎勵是如何放大這種加法病。我們的解藥是，學習並實踐減法思維——我們為摩擦修復師提供一系列減法工具，包括儀式和遊戲、減法專家、簡單的規則、大整頓和運動。

第 6 章〈破碎的連結〉，詳細介紹了破壞性衝突、扭曲的內部競爭和令人神經衰弱的協調混亂等的原因和對策。我們的補救方法包括說好故事、做好入職培訓，讓員工了解自己的工作在組織中如何環環相扣、設立專門將不同活動結合在一起的角色和工作，以及修復交接問題。

第7章〈一氧化碳術語〉，重點放在組織中噴出的（大部分）具有破壞性的術語。我們會介紹如何抑制和消除那些彎彎繞繞的官腔、毫無意義的廢話、小圈子的行話，以及來自不同專家五花八門的行話，這些內容堵塞了我們的職場和思維。

在第8章〈躁進與狂亂〉中，我們詳細介紹了當領導者製造的摩擦太少時所造成的損害，包括不斷累加的技術債和組織債，就像債台高築後根本無力清償，這會拖累、甚至有時會摧毀公司。我們會提到何時該加速衝刺，何時又該減速或停止。第8章建議的補救措施包括暫停一下再以正確的方式開始、提出能引發思考的問題、進行團隊重置、利用組織生活的韻律和節奏，以及花時間正確地收尾。

身為摩擦修復師，你的工作是弄清楚，每個入口會把自己的團隊和組織帶到哪裡。找出哪些路徑對自己最有幫助，讓你能以正確的順序修復正確的事情。我們建議從目前（或即將）最具破壞性，而且你有能力改善（即使只有一點點）的陷阱開始。不要擔心那些惱人但威脅性較小的陷阱。還有，雖然你可能躍躍欲試，但請盡量避免徒勞地處理無謂的問題，無論你耗費多少時間、精力和善意，這些無謂的問題都不可能被打倒。

PART 3

摩擦陷阱：
摩擦修復師的干預點

第4章

不知人間疾苦的領導者

克服權力中毒

對許多美國人來說，購買新車是一種令人不快的經驗。我們在汽車經銷處的經驗是，非常耗時、令人沮喪，而且是徹底的侮辱。強勢的銷售人員、漫長的等待、敲竹槓，以及有關功能、庫存、價格和服務的謊言，這些似乎都成了常態。

多年來，我們一直與通用汽車的高層交流，想了解他們為何不解決這些討厭的狀況。他們承認這很糟糕，然後指責銷售汽車的獨立經銷商，並強調公司對這些經銷商在法律和財務上的約束力有限。但這只是故事的一部分。情況糟糕了這麼久的另一個原因是：傳統美國汽車製造商（包括福特、克萊斯勒和通用汽車）的領導者所享有的特權，至少可以追溯到五十年前。他們不必支付新車的實際成本，也不必就新車的價格或以舊換新的舊車價值進行惱人的談判。此外，至少在通用汽車，他們甚至不用支付汽油和維修保養費用。

大約二十年前，我們去拜訪密西根州的通用汽車中高階主管時，第一次知道有這些福利。根據他們的說法，每六個月，他們就會獲得一輛全新的通用汽車，而每月只需支付兩百五十美元的「管理費」。這項產品評估計畫（PEP）使他們能夠在各款通用汽車、SUV和卡車中進行選擇——高階主管還享有選擇凱迪拉克和科爾維特等昂貴車款的額外特權。新車會直接送到他們的工作地點。而且唯恐他們得處理出售的麻煩事，他們的「舊」通用汽車會被直接收走。

這項計畫持續了數十年，期間也招致不少批評者的抱怨，包括通用汽車的前策略師羅伯·克萊恩鮑姆（Rob Kleinbaum）——即使他承認，覺得這項計畫「很有趣」，也很喜歡免費的汽油，還有那輛漂亮的「雪佛蘭Suburban，擁有可十向調整的加熱真皮座椅」。❶他在二〇〇九年指出，美國納稅人花了五百億美元來救助這家瀕臨破產的公司（二〇〇八年該公司虧損了三百億美元），但仍有八千名白領員工繼續以大幅折扣獲得公司汽車和免費汽油。他表示，結束這種做法「會驅使公司中的每個人更貼近市場，讓他們與客戶感同身受」。

截至二〇二二年底，略有不同的PEP仍然存在，而在大多數通用汽車經銷商購買新車的經驗仍然很糟糕（從大多數競爭對手那裡購買也是如此）。當我們查證這一部分的事實時，一位剛離職的前通用汽車高階主管告訴我們，總經理和高階主管不僅仍然可以獲得免費汽車，還可以獲得免費汽油和維修保養。他補充說，通用汽車的大多數大型辦公室都附設了免費的加油泵和現場維修保養處，因此經理和高階主管可以免付高昂的汽油價格，也能避免前往加油站和經銷商服務部門的麻煩。

這位前高階主管和羅伯．克萊恩鮑姆一樣，承認在通用汽車工作時很享受廉價便捷的汽車和免費汽油。但他也認為，PEP多年來「對公司造成了嚴重損害」，因為它讓決策者免於一般人購買和擁有通用汽車時必經的麻煩事，也無法體驗到競爭公司（通常更優質）的汽車經銷服務。

通用汽車讓自己人太輕鬆，導致領導者不明白自家體制對客戶造成的不良摩擦，以及自家產品服務的其他缺點。

權力中毒的症狀

如果你的權力比自己的同事或客戶更大，就有可能對他們的摩擦問題一無所知，也不知道你是如何加重他們的痛苦。請小心這類權力中毒的三種症狀。

第一個症狀是特權，它讓你能免於其他人所承受的麻煩、羞辱和障礙。正如心理學家、前NBA球員約翰．阿米契所說，特權可以使人「免於不便」，免去其他人無法逃避的障礙和挑戰。❷擁有特權的人往往不會注意到這是特權，而且對那些缺乏特權的人所面臨的考驗和磨難一無所知。

通用汽車公司的ＰＥＰ就是這種特權的最佳範例。幾十年來，通用公司一直苦於與外國車廠的競爭，尤其是近年來的特斯拉，這家突然崛起的電動汽車公司沒有任何特許經銷商（只有公司自有的展示廳、客戶必須在網路上買車）。然而，幾十年來，ＰＥＰ讓最有權勢的人免於購買和擁有通用汽車的不便。

同樣的，我們的網路和有線電視供應商康卡斯特，保護少數特權人士免受普通客戶無法逃避的複雜電話語音系統、長時間等待，以及與虛擬或真人客服專員進行徒勞文字聊天的痛苦。二〇二一年初，蘇頓在一週內打了五次電話給康卡斯特，因為該公司關閉了他的服務，未能恢復，還出現多次計費錯誤。在康卡斯特的一名高階主管和一名董事會成員看到蘇頓抱怨這些遭遇的推文後，蘇頓才有幸知道有這些特權。蘇頓很快就收到了來自「湯姆．卡林沙克（Tom Karinshak，執行副總兼客戶體驗長）辦公室」的「理奇」的道歉電子郵件，然後「丹」致電蘇頓，並提供一個類似貴賓休息室的特殊電話號碼和電子郵件地址。❸

蘇頓撥打這個特殊號碼時，「金伯莉」在響兩聲後接聽，並提供快速、友好的優質服務。金伯莉解釋說，她是亞利桑那州一個小型「個人服務專員」團隊的成員，該團隊的存在（似乎）是為了使貴賓（顯然還包括公司希望安撫的批評者）免於普通顧客會受到的不便。

享有這種特權感覺很讚。但是如果用它來保護康卡斯特的高層領導者，使他們免受其他客戶所承受的不便，這是壞主意，尤其是該公司正在努力挽救服務很爛的名聲時。二〇一四年，康卡斯特「在美國消費者滿意度指數中排名墊底，在有線電視產業中表現最差」。❹該公司糟糕的服務持續引來負面報導，其中包括時事評論家喬恩·布羅德金在美國科技網站「Ars Technica」上報導的二〇一二年網路服務業者的「恐怖故事」中，占最多篇幅的就是一連串的「康卡斯特災難」。❺

我們認為湯姆·卡林沙克應該解散那個貴賓休息室：感受普通顧客的痛苦，才能提供動力和資訊，幫助高階主管修復這個體制。

處於組織地位最高的領導者，通常也免去了中階和底層員工無法避免的許多不便。大公司的執行長享有各種精心安排的福利，像是私人豪華轎車和私人專機等，而他們的下屬則需要開著自己的汽車，並在出差時購買最便宜的機票。領導者也享有其他保護措施，讓他們不必與「下層民眾」接觸，比方說，曼哈頓摩天大樓裡的私人電梯，專為擔任貝爾斯登執行長時的吉米·凱恩（Jimmy Cayne）❻和擔任雷曼兄弟執行長時的理查·福爾德（Richard Fuld）❼而保留——直到兩家投資銀行在二〇〇八年的金融海嘯中一敗塗地。

在我們多年來拜訪高階主管的過程中，也驚訝地發現，特權讓他們持續不斷地擺脫了其他員工承受的許多小麻煩。舉例來說，技術長不用在公司食堂排隊，因為助理會去幫他拿午餐。營運長有永久保留的專用會議室，大部分時間都閒置，以防她萬一要用。在此同時，公司裡的工程師和行銷人員有時得等好幾天才能開會，因為會議室不夠用，或者只能把會議安排在一大早或傍晚。或是執行長有「專任」醫生，可以到辦公室和家裡看診，這樣她就可以避免就診帶來的不便。

當然，對於大多數高階領導者來說，時間就是金錢，也許比起其他員工更是如此，因為領導者的行動和決策的影響範圍更大。然而，就像約翰．阿米契所說，這種特權的問題在於，領導者可能會無視或淡化他們的行動和組織設計，給眾多無法逃脫這類不便的員工和客戶帶來情緒和財務成本。

權力中毒的第二個症狀是：由於你是權力大又有人脈的內部人士，因此自以為與組織有關的一切都逃不過你的法眼。學術界稱它為「中心性謬誤」（fallacy of centrality）。[8]美國社會學家羅恩．韋斯特魯姆在一項研究中發現這種謬誤，該研究解釋了為什麼兒科醫生在一九五〇年代和一九六〇年代對受虐兒童的診斷成效極糟。這些專家自我覺察不足，未能識破父母的謊言，加上嚇壞的孩子沉默不語，導致醫生

（錯誤地）得出結論：❾「如果父母虐待孩子，我會看出來。我沒看出來，就代表沒這回事。」❿

同樣的，那些成天與同事和客戶互動、閱讀內部報告並研究試算表的尊貴領導者會得出這樣的結論：「這是我的組織，我每天都在了解細節，這裡發生的一切重大事宜，我瞭若指掌。」然而，對於組織中什麼是（並且應該是）較難和較容易的，他們常常不知道，或者得出錯誤結論——而且還會緊抱錯誤的信念不放。

就像那些深信成為公司明星員工的唯一途徑，就是比同事更加努力工作的領導者，以及那些深信——因為他們是老闆，掌握著所有最有價值的資訊——自己能明辨偷懶或勤奮員工的領導者。然而，有這麼一家著名的顧問公司，儘管領導者**確信**長時間工作（並忽視家人）是成功之路，而且他們**知道**誰是拚命三郎，誰又混水摸魚，但事實證明，他們在這兩方面都錯了。在對這家公司進行了一百多次採訪後，加拿大麥克馬斯特大學的艾琳·里德得出結論，領導者確實會懲罰那些承認投入較少時間的顧問——尤其是那些申請減少工作時長的女性顧問。⓫但艾琳也發現，領導者無法辨別實際上工作時間很長的顧問和只是聲稱如此的顧問（主要是男性）。該公司的領導階層認為，理想的員工每週會工作六十到八十個小時。然而，他們卻被下屬愚弄了，這些下屬「對工作做了一些不為人知的小更動，讓他們得以抽身，同時仍然『冒充』公司所看重的盡忠職守的超級英雄。」一位顧問很少每週工作超過四十個小時，但領導者相信他是工作最努力的明星員工之一。艾琳採訪他的那一週，他說：「我早上和晚上都接電話，但兒子需要我的時候，我能陪在他身邊，而且還可以連續五天滑雪。」

權力中毒的第三個症狀是自私。自以為是的人不太在意自己對他人造成的負擔，也不怎麼關心那些享有較少特權的人的困境。加州大學柏克萊分校的達契爾．克特納在《權力悖論》一書中指出，在眾多研究中——主題從捐錢、取笑、談話量、談判策略到分享餅乾等——當人們凌駕於他人之上，或者當他們感覺自己很強大、有聲望時，他們（一）更注重滿足自己的需求、（二）不太關注他人的需求和行為、（三）一副規則管不到他們的樣子。[12]

舉例來說，達契爾和他的同事對魯莽駕駛者的研究。他們的研究助理（謹慎地）站在柏克萊校園內繁忙的十字路口旁，以一到五分的豪車值對接近的車輛進行評分（例如：舊的道奇柯爾特為一分，新的賓士為五分）。豪車值最低的駕駛中，有八%搶道超車；而豪車值最高的駕駛中有三〇%會這麼做。接下來，研究人員站在繁忙的行人穿越道旁。他們記錄了駕駛是否允許在路旁等待的行人過馬路，或違反加州法律，搶先在他們面前通過。那些開著小破車的駕駛，沒有一個人跟行人搶道；但開著高級車的駕駛當中有四六%未禮讓行人。一項拉斯維加斯駕駛行為的類似研究發現，汽車價值每增加一千美元，駕駛者禮讓在行人穿越道上有通行權的行人的可能性就會降低三％。

簡而言之，如果你的影響力大過他人或覺得自己有權有勢，那可能會對自己給下屬帶來的「不便」，以及你的組織給客戶帶來的「不便」無知無覺。你可能會誤以為自己知道組織中的一切，但其實你並沒有意識到哪些應該（也確實是）困難或容易的。最後，你可能會表現得像一個以自我為中心的混蛋，好像規則只適用於「小人物」，但不適用於你——而你甚至沒有意識到這一點。

壞消息是，這三種中毒症狀，可能會使領導者對困擾其組織的摩擦問題的原因和補救措施毫無頭緒——尤其是他們自己如何在無意中助長了這類問題。所幸，有一些有效的對策來應對、避免和克服這類權力中毒。本章會深入探討這類無知無覺的六種後果，並說明領導者可以如何透過自我修復來改善他們的組織。

不知人間疾苦的後果

① 過度揣測高層心思

領導者經常感嘆下屬抵制變革，就像有位執行長向我們抱怨說，中階管理層的「頑石」破壞了他公司的創新努力。然而，正如組織理論家詹姆斯．馬奇所觀察到的，領導者很少注意到相反的問題[13]：下屬遵循領導者的指示時「比預期的用力過猛」[14]，或是錯誤地揣測老闆的想法，以為老闆會讚賞一些他沒想到的舉措，但其實是老闆不想要的。這種情況發生時往往會產生不必要的摩擦，因為員工浪費了時間和金錢，還為顧客設置了老闆本來就沒想要的障礙。

一位高階主管告訴我們，有一次他們的執行長說早餐會議上沒有提供藍莓鬆餅，之後就出現了這種過度揣測。那位執行長並不是特別喜歡這種鬆餅，他只是隨口一說。但在這之後，他的下屬都會事先提醒主辦人，他們的老闆很喜歡這種食物。這位執行長在好幾年後才知道，為什麼他所到之處都會出現成堆的藍莓鬆餅。

在所有靈長類動物群體中，成員的關注力都會朝上層，而不是朝下層。狒狒和黑猩猩每隔二十或三十秒，就會看一下牠們的首領在做什麼，人類也差不多。[15]這種不平衡的關注力是演化而來的，因為比自己更強大的生物會給予獎勵和懲罰。人類的老闆往往沒有意識到，下屬對他們一言一行的盯梢有多嚴密——也不知道下屬為了免受責罰和取悅高層，做了多少無用之功。正如人類學家大衛．格雷伯所解釋的：「無權無勢的人不僅要承擔維持社會運轉所需的大部分實際體力勞動，還負擔了大部分的解讀工作。」[16]

幾年前，我們在研究7-ELEVEN公司時，就看到了過度揣測高層心思帶來的荒謬後果。該公司發起了一項耗資數百萬美元的活動，想改善全美七千家7-ELEVEN門市的禮貌。目標是讓店員向顧客表達問候、微笑、眼神交流和感謝——並由一群觀察店員行為的「神祕顧客」進行評估。該計畫內容包括對店長和員工的培訓、績效指標和回饋系統。激勵措施小到「被發現」有禮貌的店員可獲得二十五美元獎金，大到「百萬感謝」競賽，最後的高潮是來自德州普拉諾的幸運店長黛布拉．威爾森（Debra Wilson），在知名競猜節目《那就說定了》（*Let's Make a Deal*）主持人蒙提．霍爾主持的大型媒體活動中，贏得了一百萬美元。

這項活動的起源，是公司執行長抱怨他在一家7-ELEVEN門市遇到了粗魯的店員。他的下屬就推斷，執行長希望他們致力於改善員工禮貌，所以應該會對這個昂貴的計畫感到滿意。

事實上，這位執行長抱怨完轉頭就忘了。一、兩年後他才知道有這項活動，他覺得很失望，認為花這麼多錢根本是白白浪費。他命令團隊結束這項活動。公司的研究也佐證他的決定。大多數 7-ELEVEN 顧客並不關心微笑之類的事——他們只想盡快結帳離開。禮貌對顧客的滿意度、忠誠度或花費額度沒有影響。⑰

過度揣測高層心思也會以較小的方式產生影響，例如：上級在晚上或週末發送電子郵件。倫敦政經學院的蘿拉・吉爾傑和康乃爾大學的凡妮莎・博恩斯，針對「電子郵件緊迫性偏誤」進行的八項實驗顯示，當人們在工作時間之外收到電子郵件時，他們會**高估**寄件者期望回覆的速度，而這種感受會引發壓力和倦怠。⑱這個問題相當普遍。超過五〇％的美國員工會在工作時間之外發送或回覆公事電子郵件，而七六％的收件者通常會在一小時內回覆。如果電子郵件來自上層，這種壓力會更明顯。有數十名員工對我們說過，無論上級的電子郵件有多麼打擾人，他們都覺得有必要立即回覆——權力、地位和網路行為的研究也佐證了這種模式。然而，好消息是，一旦上級意識到緊迫性偏誤，他們就可以加以抑制。蘿拉和凡妮莎發現，當寄件者提到「這件事不急，你有空再處理就行」時，收件人的回覆速度就會放慢，壓力也會比較小。

明智的領導者會不斷提醒自己，下屬會本能地對上級的言行，做出比上級原意更強烈的反應——而特權可能會讓上級對這種過度放大毫無察覺。當他們隨口發表評論、在公文裡提到未完成的想法或生氣時，他們會停下來補充一句：「麻煩**什麼也別做**，我只是在自言自語。」

② 倍增瘋狂

權力中毒會讓領導者無視他們對員工和客戶造成的微小（且不必要的）負擔所帶來的複合效應——尤其是當他們的摩擦錐內涵括了許多會長期影響的人時。對於壓迫、惹惱和疏遠這些人，為組織和聲譽造成的累積損失，領導者往往一無所知、淡化或根本不關心。我們稱之為「倍增瘋狂」（multiplication madness）。

在前言中，我們舉的一個例子正好能說明這種瘋狂，史丹佛大學副教務長發送了一千兩百六十六字的電子郵件、連同七千兩百六十六字的附件，給兩千多名教授——包括我們！如果這位領導者（或她的助理）能把自己當成是我們時間的受託人，那封電子郵件至少可以少五百個字，附件也可以少幾千個字。這一事件是太多職場的縮影。權力和特權蒙蔽了人們，使他們忽略了一些聚沙成塔的小行為——即使他們給別人帶來負擔的證據就擺在眼前，領導者也會怪到受害者頭上。如果能有更多的領導者實踐受託人心態，就像邱吉爾在〈簡潔〉備忘錄中所倡導的，以及梅琳達．艾許頓博士在夏威夷太平洋健康中心「擺脫蠢事」計畫中所實施的，那麼員工、客戶和社群成員就能完成更多事，更少感到沮喪和疏離，也會更尊重他們的領導者。

英國軟體公司Distributed的轉變正是如此，他們將大多數會議縮短為十五分鐘。共同創辦人卡勒姆．安德森（Callum Anderson）解釋說：「你算一下就知道，八個人開一小時的會議，就相當於一個完整的工作日，而且企業還需要為此付出高昂的成本。這麼一想，這些更短、更有針對性的會議是理所當然的事情。」⑲

③ 決策失憶症

我們曾經與一家財星百大企業合作，該公司的執行長有個習慣，就是會重新審視，然後推翻管理團隊好不容易做出的決策——儘管團隊成員已經徹底研究、辯論並認為這是最終定案。舉個例子，管理團隊在一次會議上決定將公司名稱放在他們銷售的產品上——大多數成員都確信這是之前的會議就已經決定好的事。然而，執行長在隨後的幾次會議上舊事重提，表現得好像之前的討論和決定還未完成。他要求團隊提供更多數據、意見並辯論。然後，團隊又再一次決定這是正確的選擇。

這種健忘症只會浪費時間，讓人一遍又一遍原路重來；它損害了人們對領導者判斷力的信心，也破壞了執行力。下屬學到的是，當他們被指示採取行動時，老闆並不是真的這麼想。因此他們會按兵不動，同時聲稱規畫花費的時間比預期的要長，或者事情只做一半——反正老闆會要求他們重來或換個方案。在那家大公司，工程和製造主管不相信執行長會堅持這個決定，因此他們以蝸步推行，至少花了五年時間，才將公司名稱和標誌印在大多數產品上。

領導者不斷重新審視決策的原因之一，是他們對自己、團隊和組織缺乏信心。這種減速阻礙會促使不安的領導者過早、過於頻繁地重新審視決策，而不是接受不可能做出令所有人滿意的決定，或是能順利推行而不出一點麻煩的意外。這家財星百大企業的執行長臭名昭著，因為他對零星的壞消息反應過度，還會受「最後一個與他交談的人」影響而立場動搖，他不能傳達出一致且重複的訊息。然而，這樣的訊息是成功變革的標誌。

造成這種失憶的另一個原因是，公司獎勵的是空話而不是行動。高層職位中充斥著空談家，就像我們在第 1 章中提到，困擾「十萬家園」計畫的空心復活節兔子。畢竟，做出聽出來很棒的決策，要比真的在大公司內全面執行容易得多。一旦這些聽起來不錯的決策，實行起來一塌糊塗時，這種空話還可以保護高階主管免受隨之而來的指責。

如果你的組織深受決策失憶症和巧言陷阱等其他症狀的困擾，那麼長期的解決方案是招募、獎勵和提拔實踐家，而不是空談家。就像十萬家園團隊驅逐空心兔子並表彰雞事搞定人一樣。這樣的體制性變革，我們說起來當然比領導者做起來容易許多——尤其是在積重難返的大型組織中。然而，所有的摩擦修復師都可以從自己做起，透過手邊的資源，一點一滴地磨去空話。我們的第一個建議是：記住、談論和動起來，意識到**光做出決策本身不會改變任何事**。除非大家都同意一項決策已經做出來，並充分傳達給有足夠的意願、技能和資源來實施該決策的人，而他們也接受了，否則一項決策根本不會產生任何影響。換句話說，提醒自己並敦促他人採取行動，因為做出決策只是工作的開始，而不是結束。

我們的第二個建議是策略性的：**確保在會議結束之前，與會的每一個人都清楚會議中是否已做出決策、決策是什麼，以及誰來實施該決策，並寫下筆記確認決策內容**。許多領導者未能遵循這個理所當然的建議，結果導致人人記得的決策內容、支持和反對該決策的論點，以及如何實施該決策，各有偏差。

以下是一位理所當然大師是怎麼做的。我們曾經採訪於一九九八年至二〇一二年擔任 Netflix 人才長的珮蒂．麥寇德，她提到：「我在 Netflix 扮演的最重要角色，就是在每次高階主管會議結束時說：『我們今天在這裡做出了任何決定嗎？如果有，我們要怎麼傳達出去？』」珮蒂一次又一次地發現，各個高階主管對決策的記憶差異很大——如果她沒有在關鍵時刻問這些問題、做筆記並提醒大家，決策的進展顯然就會受到阻礙：[20]

有人說：「我們決定爲這花五千萬美元。」我說：「不對，不對，不對。我們是決定考慮花五千萬美元。」他們說：「可是如果不告訴他們的話，我們就是不誠實。」我就回答：「跟他們說我們還沒決定，我們可以這樣告訴他們就好。如果他們想知道我們爲什麼沒有做出決定，那就跟他們說，我們認爲在做出決定之前還需要再多了解一些事。」

我們稱這些為「珮蒂的臨別問題」。問這些問題，可以避免之後出現困惑、白費功夫和尷尬。

④舔餅乾

「舔餅乾」這個詞的靈感來自於一些貪心的小孩，他們把餅乾全舔過一遍，讓朋友和家人不敢吃。《市井詞典》將其定義為「在還沒打算真的去做某事之前，就先對其提出『所有權』的行為。」㉑舔餅乾的人會搶走他人的資源、專案和決策，即使他們對這些事情缺乏專業知識、時間或興趣。正如微軟前技術助理、視窗事業部總裁史蒂芬・辛諾夫斯基所說，這種經典的「微軟話術」（Microspeak），精準地描述了公司在執行長史蒂夫・鮑爾默的帶領下，為何一次又一次陷入停滯，「有些團隊聲稱要在某個領域做創新，只要（透過會議上的投影片）搶先宣布對某一新提案的所有權就可以了」，其他人就不能再去碰——即使這些舔餅乾的人從來沒有抽出時間去做這件事。史蒂文解釋說：「基本上就是，這些團隊希望透過聲明或告知，將這些功能開發的計畫留給自己，而且絕大部分都沒附任何時間表、資源、設計或具體步驟。」㉒

舔餅乾在組織生活中很普遍，每當有人預訂他們從未使用的會議室或拿走他們從來不吃的蛋糕時，就會造成輕微的傷害。當領導者堅持要承擔某些工作或參與決策，但又太忙或將這類瑣事的優先順序排到太後面，結果他們的不作為拖慢進度，逼得底下的人快發瘋，那麼「占位不做事」的行為就會造成更大的傷害。小心別自欺欺人，以為只有你才能把工作做好，結果搶下來後反而阻礙工作。

舉例來說，對於我們認識的一位執行長來說，當她的公司有二十五名員工時，一一面試每一位求職者是合理的。當公司成長到有五百多人時，情況顯然就不同了。但她仍然堅持在發出錄用通知之前，親自面試每一位求職者。在她擁擠的日程中安排面試，給她的助理和人資部門帶來巨大的負擔。頂尖人才還沒等到和這位舔餅乾的執行長安排好面試，就已經陸續接受其他地方的工作邀請。一直等到一年後，執行長才宣布她太忙了，無法親自面試每一位求職者。她仍然沒有意識到自己的舔餅乾是如何造成瓶頸。

⑤假參與

大多數領導者都認為，或者至少口頭上會說，他們應該向利害關係人徵求意見，因為這樣可以改善決策，並激勵人們協助實施。但有些領導者只是假裝這些意見很重要，其實根本無視這些原本應該很受歡迎、來自員工、客戶或民眾的想法。這種假參與浪費了人們的時間，澆滅了他們的熱情，而且通常讓人一眼看穿——至少對受害者來說是如此。這傳達出的訊息是，領導者無視或根本不關心人們的感受或組織是否能變得更好。

有些領導者利用假參與，是希望愚弄他人，為決策背書。有些人則把這視為根據本地傳統和程序規定的一種必要但空洞的儀式。還有些人認為，即使人們意識到自己的意見不算數，但光是有機會表達自己的意見，就會在某種程度上讓他們對自己的領導者角色和職場感覺更好。然而，關於組織正義的研究顯示，假參與的欺騙和不尊重，只會疏遠和激怒員工和其他利害關係人。以下是一則適得其反的故事。

幾年前，我們的史丹佛大學同事史蒂夫・巴利加入了一個由行政人員組成的委員會，校方希望藉此徵求教職員工、學生和工作人員，對史蒂夫任教系所新大樓設計的意見。幾個月後，史蒂夫沮喪地從委員會辭職。他很惱火，因為行政人員和建築師決定讓大多數使用者坐在開放式辦公室中——而那些坐在封閉式辦公室的人，只能擁有最低限度的視覺和聲音隱私。事實上，接受設計顧問徵詢意見的使用者，都將隱私列為首要需求——因為他們的工作需要高度集中注意力。史蒂夫彙整的研究證實了設計顧問的發現，這些研究指出，開放式辦公室會降低生產力、滿意度和社交互動——而且還會助長傳染病的傳播。他寫信給我們說：「我覺得被利用了。我從頭到尾說的話或提議的事，沒有一件事被聽進去。對我們空間需求做前期研究的顧問公司根本是幌子。」在這個委員會召開之前，絕大多數建築和辦公室設計都早已定案。[23]

這是好幾年前的事了，但史蒂夫仍然很氣自己做了白工，還有那些開放式辦公室讓人難以集中注意力。幾年後，史蒂夫就離開了史丹佛大學，去另一所大學任職。這段經歷並不是他離開的主要原因，但他說這讓他更乾脆地做出決定。

史蒂夫的故事給我們的教訓是，那些自以為做做樣子也不會被發現的領導者，根本是自欺欺人。人們會看穿他們的謊言，失去信任只會使他們的工作變得更困難。

⑥ 幫倒忙

與假參與等不誠實的舉動相比，領導者往往沒有意識到他們解決摩擦問題的真誠努力可能會適得其反。正如達賴喇嘛所說：「如果你能幫上忙，那就儘管去做。如果不能，請不要越幫越忙。」

偏偏對於擁有專業知識和權力、卻漫無頭緒的人來說，通往地獄的道路往往是由善意鋪成的。在醫學上，「醫源病」指的是弊大於利的治療方法。美國第一任總統喬治．華盛頓之死，就是一個著名的醫源病例子。㉔ 善意的醫生加速了他的死亡，或者說是造成他死亡的原因，他們按照一七九九年的最佳做法，放了至少二．四公升的血來治療他的細菌感染。

針對「走動式管理」（簡稱ＭＢＷＡ）的研究指出，這有點像兩百年前的放血療法，雖然炒得很熱門，但有時弊大於利。走動式管理聽起來像是很棒的想法——領導者造訪員工工作的地點，詢問他們面臨的挑戰，並試圖做出改善。管理大師湯姆．彼得斯是一九八二年造成轟動的商管書《追求卓越》的合著者，他至今仍在鼓勵老闆們擁抱這種做法。二〇一九年，前惠普高層約翰．道爾（John Doyle）寫信給我們，聲稱他在一九六三年觀看創辦人比爾．惠利特和大衛．普克德在英國的製造工廠走動，並與第一線員工交談後，發明了ＭＢＷＡ這一詞。[25]約翰那時正在擔心，惠普的製造系統會被公司雇用的那些ＭＢＡ毀掉，這些人認為如果不能以冷漠、超然和定量的方式計算某件事，這件事就不重要。約翰將比爾和大衛的行徑視為解藥。約翰在惠普年度管理會議上宣稱：「我們需要更少的ＭＢＡ視角，更多的ＭＢＷＡ，也就是走動式管理行動。」之後這個縮寫詞就開始流行起來。

然而，研究人員安妮塔．塔克和莎拉．辛格針對走動式管理對十九家醫院的五十六個醫療團隊的影響，進行了為期十八個月的實驗。[26]他們發現，平均而言，走動式管理破壞了績效改進工作。當領導者使用走動式管理解決易於解決的問題時（例如：將準備藥物的護理人員移到不那麼擁擠的房間），走動式管理確實提高了績效。然而，當領導者將走動式管理用於解決較困難的問題（例如：實驗室結果回來太慢）

時，走動式管理會適得其反。護理人員提到，定期與老闆討論重大頑固問題浪費了他們的時間，很少能帶來改善，還會讓人注意到領導者的過失。護理師抱怨說，老闆不該喋喋不休地浪費員工的時間，反倒應該專注於修復組織中不當的部分。

安妮塔和莎拉表示，他們的發現並不代表領導者應該停止使用走動式管理。相反的，就像有人開玩笑說：「問題就像恐龍。它們還小的時候很容易對付，但如果你放任不管，它們長大後就會變成麻煩的龐然大物。」㉗從提高製造環境的品質，到避免核能發電廠熔毀等可怕事故，到減少手術失誤等各個方面的研究指出，大多數重大問題都可以用瑞士乳酪理論來解釋：「小規模問題不可預測的組合，而不是單一的大規模問題。」安妮塔和莎拉指出，對心臟手術期間受到傷害的患者進行的研究發現，「不良事件更有可能是由多個同時發生的『小』問題而引起，而不是由單一『重大』問題造成」。㉘

所以安妮塔和莎拉認為，走動式管理只適用於解決小問題，但不適合解決大問題。更進一步來看，他們主張「好解決的優先處理法」㉙更有可能帶來長期的改進，因為問題還在萌芽狀態時比較容易掐滅，而且許多（也許是大多數）大問題，都是由一堆小問題複雜且難以預測的組合造成的。因此，透過一點一滴地磨去小問題，摩擦修復師可以消滅討厭的小煩惱，並減少難以修復或無法修復的大問題出現的機會。

不知人間疾苦的解藥

少傳輸，多接收

在傳授有關權力中毒的知識時，我們會說：「如果你是ＨＩＰＰＯ（河馬），就不要做河馬，要做大象。」ＨＩＰＰＯ是（算是吧）「highest paid person」（最高薪者）的縮寫，也就是最有權力的人。大嘴小耳朵的河馬，像極了因大權在握而長篇大論卻不知所云的人。人（尤其是男性）在掌控權力時，就會霸占麥克風並打斷別人發言。[30] 但領導者越是喋喋不休，偏偏就越難體察到該讓哪些事變困難、哪些事要變容易、什麼會讓人發瘋、什麼是有效的，以及如何解決問題。

我們建議，仿效大象的大耳朵和小嘴——並壓制你內心的河馬。就像有位副總裁為了克制自己的發言，將張著大嘴的河馬當成手機桌布。

我們透過衡量兩個關鍵行為，幫助領導者發現並修復ＨＩＰＰＯ問題。第一個是談話時間，領導者說了多少話（相對於其他成員）。第二個是領導者提出問題與發表意見的占比。我們與史丹佛大學的同事凱瑟琳・維爾西奇（Kathryn Velcich），合作開發了一套「會議稽核」，讓學生用來評估五家剛剛創立的新創公司的全體會議。參加這些每日或每週例會的員工數，在六至十八人之間。我們的學生測量了這兩種行為，並估算了在會議進行時與會者的活力水準。

一名新手執行長驚訝地發現，在與八名員工舉行的十一分鐘站立會議中，他的發言時間占五〇%，發表了十次意見，只提出了兩個問題。他對團隊的低活力（在他提出問題後，活力就會提升）感到不安，而他的員工（匿名）告訴我們的學生，這些站立會議是浪費時間。這種回饋幫助這位新手老闆少說話，多提問題——並更關注最少說話的五名員工。

隨行、幫忙、親自下場

領導者可以使用「隨行」（ride-along）或「貼身觀察」（shadowing）的方法，觀察、追隨和詢問員工、客戶和民眾。這通常會比走動式管理更深入，因為走動式管理只是隨意走動，與人簡短交談他們遇到的麻煩。在人們試圖努力完成工作並與組織中不完善的部分奮戰時，花些時間觀察、跟隨與交談，可以打破領導者對摩擦問題的原因、成本和解決方法的幻想。

我們遇過一位紐約市高中校長，她指責學生上課遲到，直到她花了一週時間跟隨他們。她跟隨的一名女學生在地下室上了一堂課，下課後她必須在五分鐘內爬樓梯到六樓，才能趕上下一堂課。如果這名學生一下課就離開，然後衝上樓，她就能準時到達。但如果老師在下課後多留了學生幾分鐘（老師經常這樣做），準時到達就成了不可能的任務。再者，女孩如果遇到生理期，有時還必須到大排長龍的洗手間更換衛生棉條。

這位校長發現她錯怪遲到的學生了。她意識到自己的權力和特權，讓她對落在學生身上的「不便」視而不見。值得讚揚的是，她開始要求老師按時下課，並調整了時間表，把下課時間從五分鐘改成八分鐘。

領導者如果想更深入了解摩擦問題和補救措施，可以試著幫助員工完成工作，並在可行的情況下，幫員工短期代班。在迪士尼度假村和主題樂園，高層人員會定期進行「交叉利用」（cross-utilization）輪班，到一線工作（尤其是在繁忙的日子）。比如丹・科克雷爾（Dan Cockerell），他從迪士尼世界的停車服務員做起，在迪士尼待了二十六年，最後以管理佛羅里達州神奇王國（及其一萬兩千名員工）的副總裁身分退休——他在神奇王國裡的輪班，包括打扮成迪士尼人物並與遊客合影留念。在更早期的職務中，丹在經營迪士尼全明星度假村時，發現最好的清潔人員和其他人之間存在巨大差異——這很重要，因為全明星度假村有近六千間房間。丹與最熟練的清潔人員（尤其是「布蘭卡」）一起度過了兩週時間，觀察她的工作，幫她整理床鋪和打掃房間，並在休息時與布蘭卡和其他清潔人員交談。他發現最好的清潔人員有自己的一套系統：「週一是鏡子，週二是踢腳板，週三是風扇。他們會輪著來。」丹和他的同事把這套做法推廣給全明星度假村的其他清潔人員——並透過詢問「嘿，想讓你的工作變得更輕鬆嗎？」來說服他們。㉛

向下尊重

研究人員采黛爾．尼利和塞巴斯蒂安．賴歇，追蹤了一家全球技術顧問公司的一百一十五名高階領導者，他們負責在先前經驗有限的國家銷售和實施專案。㉜采黛爾和塞巴斯蒂安發現，那些被評為表現最佳並獲得更多晉升的領導者，會實行「向下尊重」。他們縮短了「社交距離」並贏得了員工的信任，因為他們花時間了解員工的生活、和員工「並肩」工作——而不是對他們頤指氣使。這些領導者讓步給部屬的技術和文化專長，尊重部屬的判斷並下放權力。就像巴西籍的領導者告訴他的新加坡團隊：「我們互調工作吧？你們不為我做事。我為你們做事。」㉝

一位出生於美國的東南亞業務負責人表示，他對「菲律賓、新加坡、泰國、馬來西亞之間的細微差別」了解有限，也不認識任何關鍵人物。然而，他所在地區的銷售量竟然大幅提升，因為他贏得了這些國家分公司團隊的信任，並按照他們的建議行事。另一位美國出身的領導者則提到，在一位同意簽署一項重大交易的中國客戶去度假後，她堅持要團隊找到這名客戶，催他立即簽署文件（她都是這麼對待美國客戶的）。不過這位領導者的中國團隊覺得這樣不好，客戶會認為這種催促侵犯他的個人隱私。他們說：「請相信我們。」34 她的直覺尖叫道：「這種方式太糟糕了。」但她還是聽取了團隊的意見，客戶回來後也簽署了合約。

相較之下，表現最差的領導者缺乏對下屬專業知識的尊重。比如一名美國籍主管一年後從中國被調回國，因為他不信任當地團隊，說得太多，一副「我是專家，因為我已經主導過這麼多計畫」的樣子。35

「靈活運用」層級制

也許有些諷刺，采黛爾和塞巴斯蒂安的研究得出的教訓是，尊重下屬的高階主管，比那些拒絕屈服於下屬意志和智慧的人，地位提升得更快：**領導者因為放棄了權**

力，反而被授予了更多權力。然而，尊重和「扁平化」並非永遠是正確的做法。密西根大學的琳蒂．葛瑞爾指出，最好的領導者善於「靈活運用」層級制。他們知道何時授權、聽從和讓路。何時又該發號施令、做出決定，並示意下屬無需辯論或討論，直接按照指示行事。琳蒂以美國海豹部隊為例：「他們在行動時有一個明確的指揮鏈。如果指揮官說『立刻出動』，絕不會有人故意唱反調——不會有人爭論。你按層級聽命行事。可是一旦他們回到基地做任務匯報，海豹部隊在門口就會摘掉軍銜。當他們坐下來時，每個人都是平等的，都有發言權。」36

琳蒂的團隊針對十家新創公司，分析了一百多個小時的觀察和六十次訪談後，他們發現最好的執行長會在強調層級制和扁平化之間轉換——而最差的執行長則將層級制視為固定不動的。當一位執行長被問及她的團隊是扁平化還是層級化時，她解釋說：「你必須兼而有之。如果你沒有扁平的部分來聽取每個人的意見，就是把專業知識扔在桌上。可是如果你沒有層級的部分，那公司就會像多頭馬車。」當討論和辯論變得重複，且迫於時間壓力需要立即做出決定時，最好的領導者會「啟動」他們的權威來鎮壓破壞性衝突。當創造力、尋求解決之道和認同是首要任務時，這些靈活的領導者會「扁平化」層級制。37

琳蒂研究的另一個啟示是，為了避免混亂和失誤，領導者和團隊應該明確表明，何時啟動或扁平化層級制。就像海豹部隊摘掉軍階條。琳蒂的團隊研究了一家新創企業，當執行長希望每個人都發言時，他就會讓大家輪流拿一顆足球，「拿到球的人就有發言權，其他人都要認真聽」。

層級制是不可避免且有用的

雖然可以預防，但地位最高的人變得無知、過度自信和自私的風險，確實特別高。當層級分得太多，並且受到荒謬的規則和傳統束縛，而領導者又表現得好像權力差異是固定而非靈活可變時，這種層級制就很糟糕。

也許這就是為什麼如此多的作者和顧問認為，如果能消除權力差異與層級制——或者至少將每個組織大規模地「扁平化」和「去層級」——那麼效率、創新和幸福就會傳遍各地。比如管理大師蓋瑞・哈默爾鼓吹「官僚主義必須消亡」，以及「只要認可自上而下的權威結構，你對提高適應力、創新或參與，就不可能是認真的」。[38]

然而，大量證據指出，當任何生物群體聚集在一起時，層級制是不可避免且有用的，而且層級越少、權力差異越小，不見得一定更好。39

正如心理學家黛博拉．葛倫費德和拉拉．蒂登斯所記錄的，儘管層級制的形式差異極大，但想找到一個所有成員都具有大致平等的威望和權力的團體或組織，是不可能的事。無論研究人員研究的是人、狗或狒狒，只要觀察幾分鐘，就能立刻看出地位高低。40 陌生人初次見面時，領導者和追隨者的分別也會立即浮現。儘管有些組織確實削弱了成員之間的權力差異，層級也較少，但黛博拉和拉拉發現：「學者試圖找到一個沒有層級制特徵的組織，但怎麼也找不到。」以紐約的奧菲斯室內樂團為例，該樂團因沒有指揮而聞名。奧菲斯每首演奏的音樂，都會指定不同的成員為「音樂會大師」。但創立並領導奧菲斯樂團二十六年的朱利安．菲佛（Julian Fifer），「完全掌控節目的性質，包括演奏什麼曲目」。

黛博拉和拉拉也發現，當努力消除層級制或層級不明確時，成員對團體的忠誠度就會降低，生產力也會降低，會出現功能失調的地位競爭，對協調與合作不利。所以，層級太少、自上而下的控制太少，與過多的控制同樣有害。Google 共同創辦人賴利．佩吉，在二〇〇一年公司發展到大約四百名員工時發現了這件事。賴利懷念Google 還沒有這麼多中階主管的美好時光，所以他去掉了這些職位。正如我們在《卓越，可以擴散》一書中所寫的：「一百多名工程師向一位焦頭爛額的高階主管報告工作，沮喪和困惑四處蔓延。如果沒有這些中階管理人員，工程師幾乎無法工作，高階主管也不可能掌握和影響 Google 的狀況。」❹❶ 賴利很快就把這些主管都找了回來。Google 的「氧氣計畫」後來證實（就像之前的數百項研究一樣），熟練的主管對於成功的員工和團隊非常重要。

如此一來，答案就不是要擺脫層級制，也不是假設結構越扁平越好。身為摩擦修復師，你的工作是盡可能建立和運作最有效的層級秩序——並利用你的權力，讓自己能影響的人發揮最大的潛能。對於層級制的必要與人們應該如何被對待之間的差異，軟體公司思杰（Citrix）的前執行長馬克·鄧普頓提出很好的論點：❹❷

你必須確定自己永遠不會混淆管理複雜性所需的層級制與人們應得的尊重。因爲這就是許多組織偏離軌道之處，他們混淆了尊重和層級制，以爲層級低就代表低尊重；層級高就代表高尊重。因此，層級制是管理複雜性的必要之惡，但它與個體應得的尊重無關。

如果你是團隊或組織裡的頭頭，請記住二〇〇二年《蜘蛛人》電影中，還是青少年的彼得·帕克從叔叔班那裡得到的建議：「能力越大，責任越大。」利用你因職位、專業知識和聲譽而得來的影響力，運作一個好的層級制，抑制和摧毀權力中毒，讓人們能把工作做好，並感受到尊重。如此一來，你就可以了解自己的摩擦錐如何影響他人，並知道何時該聽從他人——何時又該發號施令。

第5章

加法病

善用減法思維

已故偉大喜劇演員喬治·卡林說：「我的狗屎是東西。你的東西是狗屎。」❶這句話解釋了為什麼人類無法抗拒在職場上添加越來越多的東西：員工、空間、小裝置、軟體、會議、電子郵件、通訊軟體對話串、規則、培訓、最新的管理風潮。我們本能地認為自己添加的東西是正當且必要的，而其他人添加的則是煩人且不必要的。

這種心理學家所謂的「自利偏誤」❷，讓我們能理直氣壯（甚至是揚揚得意）地創建新的程序、形式或規則，好讓自己的工作變得更容易（而其他人則更辛苦），或者使用自己最喜歡的應用程式來安排會議（即使其他人都沒在用），或者為團隊再多雇用一個人（即使人已經太多了），或是為你最在意的專案再多開一次會（即使沒人覺得有必要）。

更糟糕的是，人們天生就會問：「我可以在這裡加點什麼？」而不是「我能除去點什麼？」正如我們在前文提到的，嘉柏麗·亞當斯等人進行的二十項研究指出，「加法偏誤」會影響人們如何改善大學、編輯自己和他人的寫作、修改蔬菜湯食譜、規畫旅行，以及拼砌樂高作品。❸一位大學校長向學生、教職員徵詢如何改善大學的建議，只有一一%的人提出減法解決方案。而在另一個設計問題，參與者被要求修改「由樂高積木拼砌成的三明治結構，要夠堅固、夠高，可以將一塊磚型積木固定在帝國風暴兵人偶的頭部上方。」❹最好的解決方法是移走一塊積木。但大多數參與者都多加了幾塊積木——儘管每多加一塊積木就要支付十美分。

正如《減法的力量》一書的作者雷迪．克羅茲所說，人天生就是會忽略減法，並用加法取代思考。❺

組織以晉升、聲望和金錢來獎勵這類病症，加劇了這種加法病，同時忽視、甚至懲罰那些做減法的人。受到讚揚的是那些發起大型計畫的領導者，而不是解散糟糕計畫的領導者。

經濟學家羅伯特．馬丁對一百三十七所美國公立大學進行的一項研究發現，在一九八七年，行政人員與終身職教授的比例是一比一。到了二〇〇八年，每位教職人員對應兩位行政人員。羅伯特解釋說：「那些管錢的人有天然的誘因去雇用更多像他們一樣的員工。」❻二〇二一年，艾莉森．沃爾夫與安德魯．詹金斯對英國一百一十七所大學進行的一項研究發現，這種行政臃腫現象越來越嚴重——而且薪酬最高的經理人、專業人士和高階主管的成長尤其猖獗。❼美國、德國、法國和澳洲最近的研究指出，他們的大學也有同樣的弊病。艾莉森的結論是，行政人員的增加率較高，部分原因是「對非學術性招聘的審查，遠少於對學術性招聘的審查」。❽

這些行政人員不僅昂貴，而且就像大多數人一樣，他們覺得有必要證明自己的存在是合理的。他們理解、重視和實施的許多組織變革，都需要將大量的規則、流程、形式、培訓和衡量標準，堆到教師、其他行政人員和學生頭上。曼徹斯特聯盟商學院國際商務系主任提摩西・德文尼（Timothy Devinney）表示：「大學基本上正在扼殺內部人員的能力。」❾通往地獄的道路是由善意鋪成的——增加摩擦的行政人員，相信他們正在改善大學。但累積下來的影響可能令人窒息，而且是荒謬的。提摩西說：「我看過以前任職的大學系所的『關鍵績效指標』，那個龐大的試算表讓我非常震驚。裡面有一百一十個目標，每個目標都有專人負責監控。」

這種症候群讓我們想起生態學家蓋瑞・哈定的著名文章〈公地悲劇〉。❿他以向所有「牧民」開放的牧場做為隱喻。哈定認為，即使一群牧民因為放入太多牲畜，導致集體利益下降，但每個牧民仍然有放入更多自己牲畜的個人動機：

> 每個人都被束縛在一個體系裡，這個體系迫使他們在有限的世界中無限制地增加自己的牛群。每個人都在一個相信公地自由的社會中，追求自己的最大利

益，而毀滅是所有人奔赴的終站。

同樣的，組織經常為個人提供強而有力的激勵措施，包括聲望、金錢和有趣的工作，增加了造成集體傷害的負擔。而抵抗此類誘惑的激勵措施很少。

這是壞消息。好消息是，摩擦修復師可以對抗這種加法病。首先，要啟動減法思維。嘉柏麗・亞當斯的團隊發現，當人停下來思考解決方案或被提醒考慮減法時，就比較不容易自動採用加法。創投家麥可・迪林（Michael Dearing）引燃了這種思維方式，他敦促領導者擔任其組織的「總編輯」。麥可來當我們《摩擦》podcast的嘉賓時說，就像高明的文字編輯和電影剪輯師一樣，最好的領導者會堅持不懈地消除或修復那些分散人們注意力、讓人無聊、困惑或疲憊不堪的東西。⓫

斷捨離審查

你必須先決定要減去什麼，才能動手清除。聰明的摩擦修復師會進行「斷捨離審查」，或者是哈佛大學的凱斯・桑思坦所說的「淤泥稽核」。⓬這是一些定量和定性方法，可揭示破壞性摩擦與由此造成的損壞的位置和程度。我們列出了七種此類方法，幫你找出減法目標。請記住，光是評估這些討厭的東西，但沒有接著進行減法行動，那你只是在浪費時間。

斷捨離審查

找出減法目標的方法

一、**找出「蠢事」**：企管顧問公司未來思考（FutureThink）執行長莉莎・博德爾會問：「如果可以廢除所有讓自己沮喪或降低效率的規則，你會廢掉哪些？」⓭類似的精神，推動了夏威夷太平洋健康中心的「擺脫蠢事」活動。梅琳達・艾許頓博士要求醫護人員提名電子病歷系統中「設計不當、不必要或完全愚蠢」的任何內容——結果產生了一百八十八個減法目標。⓮

二、**計算出會議的價值和成本**：在「會議重置」活動中，六十名亞薩那工作創新實驗室員工對每項例行會議進行了評分。他們發現，有五百多場會議屬於低價值。⑮也不要忘了人們花在準備會議上的時間。管理顧問公司貝恩公司計算出，一家公司每年花費三十萬小時在準備高階主管團隊的週會。⑯

三、**衡量績效評估帶來的負擔**：你是否花了太多時間互相評估，反而沒有時間做自己的工作？勤業眾信管理顧問公司的領導層就為此感到震驚，因為他們「統計了組織在績效管理上花費的時數，結果發現填寫表格、召開會議和評分花的時間，**每年近兩百萬小時**」。⑰

四、**列出電子郵件過載的來源**：一般員工有二八％的時間花在處理電子郵件。⑱你的公司也是這樣嗎（或更糟）？審視大家發送和接收電子郵件的數量、長度、收件人和時間。你能減去什麼？也許醫療產業管理顧問公司 Vynamic 使用的電子郵件政策會有所幫助。他們稱之為「zzzMail」，就是睡覺的那個 z：「在週一至週五晚上十點至早上六點、週六和週日全天，以及所有 Vynamic 假期期間，團隊成員不得向其他團隊成員發送電子郵件。緊急事項建議使用電話或簡訊，而不是電子郵件。」⑲

五、**觀察並訪談使用者**：為了找出每年超過兩百萬密西根州民眾填寫的福利申請表格中，不必要和令人困惑的問題，公民村的研究人員對民眾和公務員進行了兩百五十多個小時的訪談，並在他們填寫和解釋表格時從旁觀察。⓴公民村因此發現了數十個使民眾難以申請到福利的障礙。

六、**打造歷程地圖**：描繪客戶或他們在嘗試從組織獲取資訊、服務或購買產品時所經歷的階段，以及他們和員工在此過程中的感受。我們的學生伊麗莎白．伍德森和索爾．古都斯，透過訪談和觀察，描繪了身障兒童家庭向金門區域中心（舊金山地區的一家社會服務機構）尋求服務時緩慢與曲折的過程。他們發現了許多阻礙旅程的瓶頸——尤其是各自為政的部門之間的交接不良。㉑

七、**嘗試完美主義稽核**：在《系統聖經》中，約翰．蓋爾提出了完美主義者的悖論：在複雜的系統中，「追求完美是一種嚴重的缺陷」。㉒追求完美的壓力，會導致不必要的努力和延誤，阻礙人們從不完美的原型中學習，並引發絕望。許多值得做的事情或別人要求做的事情，都不值得做到完好無缺。或者如蓋爾所說的，應該做到不盡如人意。本著這種精神，要求人們找出標準太窄或太高，或是執行得太狂熱的任務。

麗貝卡・海因茲（Rebecca Hinds）在亞薩那工作創新實驗室的經歷，說明了一位頑強的摩擦修復師如何應用這些方法，幫助同事刪除不必要的東西。㉓我們會在本章後文詳述。十多年前麗貝卡來史丹佛大學攻讀碩士學位，我們因此相識，從那時起就與她合作至今。麗貝卡是我們的摩擦計畫研究助理、合著者，也是史丹佛大學的博士生。現在我們是亞薩那工作創新實驗室的顧問——這是麗貝卡主導的一個智庫，致力於開發可行動的研究。

麗貝卡在 Dropbox 工作時，得知我們在第 1 章中描述的會議末日干預措施，因此對糟糕的會議產生了興趣。麗貝卡和蘇頓在二〇一五年為《Inc.》雜誌撰寫了一篇文章，講述 Dropbox 的領導者如何從員工行事曆中刪除了大多數常設會議，並讓他們在幾週內無法添加新會議。㉔

二〇二二年，麗貝卡創立亞薩那工作創新實驗室時，受到會議末日計畫的啟發，她徵召了一小群同事，展開名為「會議終結日」（Meeting Doomsday）的先導計畫。所有參與者首先要從行事曆中，移除所有五人以下的常設會議，為期四十八小時。他們用這段空檔思考哪些會議有價值，並決定刪去、修改或保留哪些會議。正如我們將在本章後文詳細介紹的，這個「會議修復和移除」的原型工具，展現出很大的潛力。我們與麗貝卡合作，把從會議終結日學到的事，推廣給參與後續會議重置計畫的六十名員工。我們發現，大家都想要一種精細但簡單的方法來評估會議。我們請參與者採用三分制，評估每次會議需要花多少精力，以及幫助他們實現目標的價值。在一千一百多場常設會議中，亞薩那員工將超過五〇％的會議評為低價值，並辨識出一百五十多場要耗費許多精力但價值低的會議。

麗貝卡不僅找出了令人沮喪和浪費時間的會議、規則和傳統。如後文所示，她也開發工具來消除這些障礙，並說服同事使用這些工具來為自己和客戶提供更好的亞薩那（及其產品）體驗。

將這些知識轉化為行動並不容易。凱斯．桑思坦自二〇〇九年至二〇一二年擔任前總統歐巴馬顧問以來，一直在鼓吹去除「淤泥」。聯邦的《文書減量法案》規定：「文書工作負擔的益處必須證明其成本是合理的。」桑思坦在他的《淤泥效應》中告訴我們，遺憾的是，截至二〇二一年，美國政府都沒有做出體制性的努力來檢測有哪些文書工作負擔通過這項測試。㉕儘管行政管理和預算局（簡稱ＯＭＢ）在二〇一七年的一份報告指出：「美國人每年在聯邦文書工作上花費一百一十四億小時。」依照桑思坦的計算，如果兩百七十萬的芝加哥全體居民，每週花四十小時來處理這些文書工作，一年後，離完成也還差得遠。

然而，有一項新舉措可望能消除這些繁文縟節。二〇二二年四月，ＯＭＢ局長沙蘭達・楊和副局長多米尼克・曼西尼，在一份備忘錄中提出了指導方針，詳細說明美國政府機構應如何辨識他們對民眾造成的有害負擔。㉖該備忘錄詳細說明了各機構應如何減輕此類負擔，讓備受詬病的《文書減量法案》能發揮些許實際功用。

桑思坦在推特上讚揚了這份充滿希望的備忘錄。㉗《行政負擔》的作者唐納德・莫伊尼漢和潘蜜拉・赫德在電子報平台 Substack 上發表的一份詳盡備忘錄中，也這樣稱讚。唐納德和潘蜜拉長期研究政府給人們帶來的行政負擔，他們對這份備忘錄表示讚賞，因為它不僅指示各機構衡量填寫表格所需的時間，還敦促各機構計算人們為完成表格而蒐集資訊、前往各機構、排隊或等待、確定他們是否有資格參加計畫等等所耗費的種種時間。唐納德和潘蜜拉印象特別深刻的是，該備忘錄鼓勵各機構評估「公眾因試圖遵守特定資訊蒐集的要求時，可能經歷的認知負荷、不適、壓力或焦慮」。正如他們所寫的：「這項新指南明顯增強了政府意識到其對公眾帶來的負擔。」㉘

這份 OMB 備忘錄概述了四十多項解決方案，讓公務員可減輕公眾的行政負擔。這些方案大多數都是經過驗證的。舉例來說，提供「導航人員」來支援公眾的申請過程（也就我們在第 3 章中討論的解決方案），幫助人們穿越複雜的體制，並獲得他們應得的東西。有些則是簡單的規則，包括「將親自面談要求，改為電話或視訊面談」「取消法規未要求的親筆簽名要求」，以及「延長重新認證前的有效期」。這些解決方案的目標都是針對某些事做減法，例如：親自面談、親筆簽名，以及人們必須重新申請福利的頻率。

當然，僅僅列出解決方案是不夠的。方案需要落實，否則一切都只是空談。

減法工具

以下有七個工具，可以幫助你實踐減法思維，並教給其他人。我們提供摘要（詳述如下），幫助你混合和搭配工具，嘗試不同的比例，並自行調配（且不斷調整）正確的組合，進而解決你的摩擦問題。

減法工具

發現並消除破壞性組織摩擦的方法

一、**簡單的減法準則**：這些準則以唐納·薩爾和凱薩琳·艾森哈特的著作《簡單準則》為基礎。[29]簡單的捷徑和明確的約束，可以幫助人們將注意力聚焦在應該從組織中移除的事。

二、**減法儀式**：當人們移除或失去原本是工作生活中一部分的人員、地點和做法時，會採取這些腳本化的行動來標記例行或罕見的變化。這些精心編排過的言語和行為可以簡單，也可以複雜，對於實施的人來說充滿意義，並且可以提供安慰、指導和更牢固的社交連結。

三、**減法專家**：負責使組織中的生活盡可能簡單、輕鬆、愉快且划算的人員或團隊，並擁有適當進行減法（或加法）的權力、技能、時間和金錢。

四、**減法遊戲**：在這些練習中，人們首先針對組織中會拖慢工作、讓人抓狂的障礙，進行個人的腦力激盪。之後眾人聚在一起分享「減法目標」，挑出一個或幾個要移除的目標，並擬定實施計畫。減法遊戲可以短至三十分鐘，如果大家決心要消除破壞性摩擦，也可以拉長至數月。

五、**會議修復和移除工具**：這些方法可以幫助人們找出和消除糟糕的會議。對於剩下的會議，這些方法可以幫助人們縮短會議時間、減低會議頻率、減少與會者人數，並允許人們拒絕邀請並離開浪費時間的會議。

六、**大整頓**：深入、聚焦、迅雷不及掩耳的方案，有時甚至採取徹底的專制，清除組織不當的部分。

七、**減法運動**：這些是持久、參與性、多管齊下的方案，目的是在整個組織中傳播減法思維，教導並獎勵人們做出整個體制和局部的改變，共同消除給員工、客戶、合作夥伴和社群成員帶來的不必要負擔。

附帶一提：讚揚那些從一開始就不添加不必要東西的人：不要忘記那些厭惡和抵制添加不必要東西的功臣，他們讓減法變得沒必要。

① 簡單的減法準則

唐納・薩爾和凱薩琳・艾森哈特在《簡單準則》中，記錄了許多領導者和職場受益於「捷徑策略，這些策略透過集中注意力和簡化資訊處理方式，節省了時間和精力」。㉚ OMB 備忘錄中關於消除親自面談和親筆簽名的規則，就是此類捷徑的例子：這些規則易於理解和應用，還可以改善許多人的生活。

另一個簡單的減法規則是，在編寫或修改組織的核心價值時，最多列出四項。**而且**要用生動的形象來描述每一個價值。舉例來說，如果你管理的是非營利組織，請不要說自己的組織「募款能力卓著」。相反的，請說捐贈者告訴親友，捐贈你們是「他們做過最好的決定」。簡短生動的價值觀清單，可以激發員工、客戶和其他利害關係人的共同使命感，讓大家更能齊心合作。

在研究了加州一百五十一家醫院治療的心臟病患者後，這是賓州大學的安德魯・卡頓和合著者得出的結論。㉛ 當醫院只列出四個以下的價值觀，並使用生動的圖像時，患者在三十天內再次入院接受進一步治療的可能性要小得多——這是護理品質的關鍵指標。卡頓的團隊在一項實驗中發現了類似的結果，他們召集了六十二個虛擬團隊來設計新玩具。在設計玩具之前，團隊成員要先知道他們「公司」的價值觀，也要求他們的設計必須與這些價值觀「一致」。結果，由七名孩子組成的「專家小組」，更喜歡玩由價值觀簡短生動的公司團隊設計出的玩具。

「減半規則」是我們最喜歡的簡單規則之一。我們是從雷迪．克羅茲的《減法的力量》一書中得到的靈感。你可以把這當成一種思想實驗。檢視一下你的工作、會議和電子郵件，以及撰寫的信件和報告。想像一下，你刪減了其中一半，而剩下的又縮減一半。蘇頓在與克羅茲合著的一篇文章中，敦促學術領袖將這項規則應用到自己的機構中。32 比方說，在招募和晉升教職員時，大多數大學要求至少十封來自著名專家和學生的推薦信，有時甚至多達二十五封以上。克羅茲和蘇頓認為，在這種情況下，減半規則還不夠：「五封就夠多了——而且每封字數限制在五百字以內。」這些限制不會損害決策，但能節省撰寫者、閱讀者和行政人員的時間，他們每年要花數千個小時念叨人們去完成這些事情。

② 減法儀式

生日慶祝活動、每日祈禱、週日家庭聚餐、葬禮等等，都是儀式。遵循一套流程的重複性或象徵重大轉變的行動，對於實踐這些行動的人來說充滿意義，而且可以提供安慰和方向，同時加強社交連結。

多年來，我們一直與互動設計師科夏特・奧贊茲合作，幫助學生和高階主管學習和發明儀式，包括減法儀式。在《工作需要儀式感》一書中，科夏特和瑪格麗特・哈根提出，採取「破除舊習」的儀式，「告別之前的策略或功能失調的做法」。[33] 汽車共享公司 Zipcar 利用這種儀式放棄了桌上型電腦，採用了「行動優先」策略。員工們用大鐵鎚砸碎舊的桌上型電腦——這使得抽象的管理指令變得極為真情實感。

當一名難搞的同事遭解雇時，即使同事們感到如釋重負，但仍然會感到不安。科夏特和瑪格麗特為這種場合創造了「為最近離職的人哀悼」的儀式。[34] 團隊蒐集並記錄了關於離職的同事讓他們**不會**懷念的一切。之後再寫下他們**會**懷念的一切。每位成員都認領其中一件好事並承諾去做。接著，這兩份清單都會被銷毀——燒毀、粉碎，如果是數位生成的就刪除。

早在一九九〇年代，安妮特・凱爾（Annette Kyle）就巧妙地運用了減法儀式，為化工公司塞拉尼斯在德州錫布魯克的貝波特碼頭廢除了不良的舊傳統。安妮特是傑佛瑞・菲佛和羅伯・蘇頓所著《知行差距》中的主角之一，書中描述了她在接管貝波特碼頭後所領導的「革命」。

貝波特碼頭每年從船舶、駁船、卡車，以及火車車廂裝卸三十億噸化學藥品。

安妮特剛上任的時候，貝波特碼頭經常延誤、規畫不善，而且員工的士氣低落，他們並不喜歡自己糟糕的表現。貝波特碼頭每年要支付數百萬美元的費用，因為當船舶到達、準備裝卸的時候，如果員工沒有做好準備，在船舶等待期間，就會收取高達每小時一萬美元的「滯期費」。

安妮特在貝波特的「革命」改變了衡量指標，引入新工具，改善工作流程，並廢除了不必要的職位。她舉辦了戲劇性的儀式，幫助人們打從心底體會到該放棄不良的舊習——並理解和接受新的信念和行動。

為了強調管理層中「不應該存在角落辦公室心態」，安妮特在一天早上召集了全體六十名員工，讓他們親眼看著貝波特的主管辦公室（也就是她的領導團隊之前工作的地方）被推土機推倒。安妮特以六十美元的價格，拍賣了她在主管大樓裡的綠色大桌子，因為「我不應該坐在一張大桌子後面。我應該隨時為我們團隊的目標做出貢獻」。為了強調不良舊習已死，安妮特將物品放入松木棺材中，包括被拆除的辦公室中一張「總有衰船」（ships happen，編注：ships happen 是英文片語 shit happens 衍生而來，意思是「狗屁倒灶的事情就是會發生」）的標語——它反映了舊哲學，即船舶（以及駁船、卡車和火車車廂）的到來，不是能提前規畫的事。

不到一年的時間，貝波特就有了天翻地覆的改善。滯期費從一九九四年的兩百五十萬美元，驟降到一九九六年上半年低於一萬美元。在安妮特發起的革命之前，員工平均需要三個小時才能為一輛卡車裝好貨；在革命後，有九〇%都在一小時內裝載完成。[35]

③ 減法專家

創投家麥可．迪林建議領導者該像編輯一樣，但他可沒說他們必須單打獨鬥。領導者可以召募其他人，並給予他們權力、人手和資金來做出改變。

社群管理整合平台 Hootsuite 的創辦人萊恩．霍姆斯就是這麼做的。二〇一五年，該公司技術總監諾爾．普倫（Noel Pullen）打算寄送一件價值十五美元的公司 T 恤給客戶，但因為需要經過多次審批，諾爾計算出寄送一件 T 恤的成本為兩百美元。諾爾逼著財務和行銷人員廢除這種陋習，放心地讓員工寄送 T 恤。正如萊恩所說：「最壞的情況會是什麼？多了幾件 Hootsuite 的 T 恤流通出去而已。」

萊恩非常欣賞諾爾對這些 T 恤的處理方式，還任命他為「爛系統的沙皇」。[36] 前言提到，摩擦問題常流為無主問題，而且困擾著許多職場，沙皇正是對應的解方。正如萊恩所說，糟糕的流程「通常潛伏在權力真空處；一線員工無權做出改變，高層領導又忽視這些問題，或是認為這是其他人的問題」。

不過在 Hootsuite，當員工遇到他們或上級無法修復的故障流程時，會找諾爾幫忙協調相關人員和部門。諾爾創建了一個「爛系統 @ Hootsuite」小組來追蹤不良策略和瓶頸。萊恩解釋說：「我們根據一個陽春的積分系統對工作進行分類：按照受不良流程影響的人數與修復流程所需的估計時間進行權衡。」結果，Hootsuite 因此減少員工和顧客的時間浪費，他們對公司流程的困惑和咒罵也變少了。

萊恩邀集同事來幫忙找出不良系統、檢視建議，並選擇要修復的問題。這就是高明的減法專家在做的事。他們創建或加入減法專家的網絡或團隊——而不是單打獨鬥。梅琳達．艾許頓博士在夏威夷太平洋健康中心開展的「擺脫蠢事」運動也是如此，以及公民村動員密西根州的公務員協助修改可怕的福利申請表格，還有後文會提到的普什卡拉．薩勃拉曼尼安的團隊，他們在阿斯特捷利康的行動也是如此。

④ 減法遊戲

在我們為前作《卓越，可以擴散》所做的研究過程中發現，運作良好的組織會不遺餘力地消除那些耗損時間、浪費金錢，以及讓人抓狂的障礙。為了幫助人們應用這個教訓，我們已經與至少一百家組織進行了減法遊戲，其中包括：八名博隆能源的高階主管、一百名信用合作社的主管、一百五十名Netflix電影後製員工、三百名大型律師事務所的合夥人、四百名微軟高階主管，以及六十名參加「幫助中心」工作坊的史丹佛大學員工。37

我們要求大家先從個人的腦力激盪開始，「想想你的組織如何運作。什麼會增加不必要的挫折感？什麼分散了你的注意力？什麼曾經有用，現在卻成了阻礙？」對於某些組織，我們補充道：「找出你影響範圍內的障礙，以及公司的體制性障礙。」接著在小組內或在線上聊天室內，聚在一起十分鐘左右，討論每個成員想到的障礙，然後共同腦力激盪出更多潛在的減法目標。之後，為了集中注意力，大家會選擇幾個目標，並擬定粗略的實施計畫——誰將帶頭消除這些障礙、在過程中需要誰的支持，以及哪些人和團隊可能會反對變革。

如果有多個小組參與遊戲，每個小組都要選出一名發言人，由發言人分享小組選定的目標和實施計畫。如果有執行長或其他高層領導者在場，我們會要求他們最後發言或不參與。有幾次，很有眼色的高層主管決定——我們可沒有明示暗示——在遊戲期間離開現場，以免大家不敢暢所欲言。

根據我們的提示，有些團體選擇了一個實用的想法（例如：一位執行長誓言要將電子郵件控制在五百字以內）和一個瘋狂的想法（例如：有工程師提議解散人資部門）。有些則選擇一個易於移除的目標（例如：有主管決定移走辦公室中用不到的電話）和一個艱難的目標（最高層的團隊同意，如果能送走董事會中兩位什麼都要管的董事，公司的營運會更順當，他們的心理健康也會改善）。

有些團體會當場行動。當我們與一家軟體公司的二十五名管理者一起玩這個遊戲時，一位副總裁當場發送電子郵件，要求撤掉一個有問題的專案，並將每週的團隊會議改為每兩週舉行一次。還有一次，正如我們在前文提到的，一家金融服務公司的執行長站起來告訴他的八十名高層主管，在一週內，他希望每人寄給他一封包含兩個減法目標的電子郵件。一個月內，他要看到這些改變已經實施的證明——達成者每人可得到五千美元的獎金。這些管理者做出了數百項改變，包括結束業績不佳的產品線、取消會議，以及終止與不可靠供應商的合約。

在一家大型全球醫療保健公司，總法律顧問（最高階律師）報告說，公司有近百條不同的育嬰假和家事假政策規章，這讓管理者、員工和負責實施這些政策的人資員工感到困惑。一年後，他告訴我們，減法遊戲啟發了他和人資主管去審視和整合這些政策——他們將規章刪減了約一半。

有些團體談論減法，但從未付諸實踐——他們喜歡這些對話和有抱怨的機會，但沒有足夠的精力、權力或動力去實現自己的想法。有些人找出的是瑣碎模糊的目標，尤其是在心理安全感較低的職場，因為他們擔心說出問題的真相會招致上級的譴責、降職和解雇。由於遊戲的目的是盡可能找出最多的減法目標，然後聚焦在幾個可行的目標，因此有許多提出的目標，即使在最健康的組織中也會被忽略和遺忘。

⑤會議修復和移除工具

美國巴布森學院的羅伯．克羅斯表示，過去二十年來，參加會議和發送電子郵件等協作性工作，至少增加了五〇％。[38]二〇二〇年新冠肺炎疫情爆發後，這種超負荷現象變得更加嚴重，尤其是參加遠距和混合會議。哈佛商學院對三百一十萬名員工進行的一項研究發現，疫情爆發後，他們參加的會議增加了一三％。[39]

有些組織透過策略性減法進行反擊。比如亞薩那工作創新實驗室的麗貝卡．海因茲與一小群行銷員工，一起開展為期一個月的會議終結日試行計畫。[40]正如我們之前在「斷捨離審查」中所說明的，第一階段是會議稽核，員工研究他們的行事曆並找出低價值的定期會議。第二階段是「會議終結日」部分，員工將所有少於五人的常設會議從行事曆中刪除四十八小時。然後，以麗貝卡的說法，大家「以剛清理過的行事曆」過了兩天後，就只加回「有價值的會議——根據自己的會議稽核結果」。

員工取消了一些會議，減少了其他會議的頻率，並縮減許多會議的時間——將三十分鐘的會議縮短為十五分鐘，將六十分鐘的會議縮短為四十五分鐘。事實證明，會議終結日的威力十足。麗貝卡提到，參與者每月平均省下十一個小時。實驗室行銷團隊的一名員工法蘭絲卡，在參加先導計畫之前，以為自己的行事曆已經是「最佳狀態」。結果她卻成了會議終結日的「全明星」，每月足足省下三十二個小時。

我們和麗貝卡合作，為六十名亞薩那行銷人員實施了後續會議的重置計畫，成果是每位員工平均每月省下五個小時。取消會議的影響最大（占省下總時數的三七％）。但減少會議安排頻率、縮短會議時間、增加書面溝通，以及減少簡報和對話的綜合影響更大（占省下總時數的六三％）。當我們詢問麗貝卡這項重置是否有任何缺點時，她表示：「大多數參與者都很喜歡這個計畫，也很高興省了許多時間，但少數人對取消低價值會議抱持保留態度，因為他們認為這些會議對於和同事建立關係很重要。」

也許其他修復和刪除會議的方法更適合你，或者啟發你量身打造一套解決方案。哈佛大學的萊絲莉·普羅有一項經典研究，她駐點在一家軟體公司，這家公司的工程師頻繁開會，並互相打擾，導致他們覺得必須在晚上和週末工作才能完成專案。萊絲莉鼓勵他們嘗試「安靜時間」：每天有兩個禁止打擾的時段，即上午八點至十一點和下午三點至五點。萊絲莉發現上午安靜時間的工作效率提高了五九％，下午的則提高了六五％。[41]

或者，雲端科技公司 Salesforce 在二〇二一年和二〇二二年進行的「非同步週」實驗，也能給你一些啟發。[42] 超過一萬名員工嘗試一週不開會。結果也有一些缺點：一三％的員工表示，整體工作時間變得更長，因為開會對於他們所做的工作類型或工作風格而言效率更高。一六％的員工表示，「數位化」干擾的增加讓他們的工作更加困難。其他「非同步週」參與者則苦於誤解的問題，因為僅依靠書面溝通導致他們錯過關鍵的細微差別。Salesforce 員工學會透過仔細規畫、明確傳達期望，以及在他們認為開會是必要時鼓勵破例，進而避免此類問題。到二〇二二年六月，Salesforce 的幾個大型部門決定實施季度非同步週：鼓勵從高階主管到個人貢獻者的每個人，取消該週的所有會議——但培訓、關鍵業務問題和客戶會議除外。

⑥ 大整頓

強大的領導者帶頭深入與聚焦地消除組織中崩壞的部分，就是所謂的「大整頓」。路易斯．葛斯納在一九九三年至二〇〇二年領導ＩＢＭ期間，以及賈伯斯在一九九七年重返蘋果公司掌權後，這兩起著名的轉型案例就包括了大整頓。葛斯納上任後最先採取的行動之一，就是聘請艾比．柯思塔曼（Abby Kohnstamm）擔任行銷長。㊸艾比接手的是一團亂麻。ＩＢＭ的每個大型事業部都有自己的廣告代理商、預算、口號、商標和策略——這不但讓客戶感到困惑，也浪費錢。葛斯納把ＩＢＭ的三十五位高階主管帶進一個房間，房間牆壁上掛滿「我們所有廣告代理商的廣告、包裝和行銷材料」。在艾比審視了這個「品牌和產品定位的災難」後，葛斯納問道：「有人懷疑我們可以做得更好嗎？」艾比隨後就終止所有廣告代理商的合作，撤下他們的大部分作品，並聘請奧美公司為ＩＢＭ品牌打造統一的品牌形象。

賈伯斯在一九八五年被迫離職後，於一九九七年重返蘋果公司，他花了最初幾週的時間調查公司龐大、不獲利且令人困惑的產品線。㊹他發現很少有內部人士（更不用說客戶）了解一系列麥金塔電腦之間的差異，包括 Performa 3400、4400 和 5400。大多數其他蘋果產品也在虧損，包括 Newton（手持裝置）和 Pippin（遊戲系統）。賈伯斯在一年之內淘汰了公司原有的所有產品。而新產品線只有四款新的麥金塔：商用桌上型電腦和筆記型電腦，以及家用桌上型電腦和筆記型電腦。

ＩＢＭ的行銷災難和蘋果令人眼花繚亂的產品線，都是源自類似的原因：每個權力分散的事業體都有足夠的權力來添加東西，但不足以阻止其他事業體這樣做。這是哈定「公地悲劇」的另一版本。每個事業體都有增加新活動或產品的動機，但每次增加都會讓客戶感到困惑與浪費錢，損害IBM和蘋果公司的整體利益。雖然管理大師經常詬病葛斯納和賈伯斯這種實行「命令與控制」的領導者，但有時這正是一個崩壞的組織需要的。

⑦ 減法運動

減法運動是持久性的努力，涉及組織中的許多人或所有人。我們針對製藥巨頭阿斯特捷利康的案例研究，說明了這樣的運動可以如何搭配運用一系列減法工具。㊺這項運動是由普什卡拉·薩勃拉曼尼安領導，她於二〇一五年在公司內成立「簡化卓越中心」（Center for Simplification Excellence）。這個中心發起「百萬小時挑戰」，每週還給每位員工三十分鐘——省下的時間可做臨床試驗和服務患者。截至二〇一七年中期，依該中心的計算，阿斯特捷利康的六萬名員工，在不到兩年的時間內省下了兩百萬小時以上。

普什卡拉的團隊知道，像葛斯納和賈伯斯那樣自上而下的變革方法，在該公司只會產生反效果。因為阿斯特捷利康與ＩＢＭ和蘋果不同，它並未陷入危機——不過二〇一一年至二〇一六年間的營收和利潤的確下降了。而且阿斯特捷利康是權力分散式公司，區域領導者有可觀的權力，能接受、修改或無視上層的命令。因此，普什卡拉的團隊並沒有告訴人們該做什麼，而是採取了「球員兼教練」的方式。他們在全公司實施了一些關鍵的努力，但相信他們的成功取決於全體制和局部小變化的累積影響。大多數員工加入這項運動是因為他們想要，而不是因為他們必須這麼做。該團隊相信，許多最佳解決方案，應該要針對不同的當地問題而量身打造。正如普什卡拉所說：「別急著解決全球飢餓問題；我們先把大象（譯注：房間裡的大象是指眾人避而不談的棘手問題）一口一口啃掉。」

在阿斯特捷利康的許多分部，新進員工要等好幾天才能拿到公司的筆記型電腦。這降低了生產力，並在初期就埋下了懷疑和厭世心態的種子。普什卡拉的團隊與人資部門、招募經理和ＩＴ領導人，合作啟動了一項計畫，確保每個國家或地區的每位員工，入職第一天就能擁有一台正常運作的筆記型電腦，並獲得即時技術支援。她的團隊還領導了另一項影響全公司的改進，因此省下了數千個小時：Outlook 軟體的預設會議長度從三十分鐘更改為十五分鐘。

普什卡拉的團隊提供了網站、研討會和教練，幫助全公司員工找出讓他們及客戶感到沮喪的原因，並想像和實施局部修復。數百項局部改進接踵而來。墨西哥ＩＴ團隊將文書工作減少了一半，每年省下六百九十小時。台灣和泰國推行無會議日。日本的每位員工都簡化了一件事情，每年省下五萬個小時。二〇一七年五月十七日，公司舉辦了「世界簡化日」，慶祝在不到兩年的時間內省下兩百萬個小時，並將省時做法推廣給全公司。

二〇一七年十二月，普什卡拉和阿斯特捷利康高層又做出了一個減法決定：解散簡化卓越中心。從一開始，普什卡拉的目標就是讓自己失業。她的團隊成員也因高強度的工作而精疲力竭，準備換個地方繼續進行其他冒險。普什卡拉擔心這場運動會失去動力，但她認為這最終還是公司的領導者、企業和員工的責任。

附帶一提：讚揚那些從一開始就不添加不必要東西的人

中國哲學家老子說：「無為而治。」聰明的摩擦修復師永遠不會忘記，如果一開始就不添加任何不必要、過度或破壞性的東西，那麼就不需要減法。

我們的史丹佛同事佩里．克萊本和傑瑞米．厄特利將「不添加任何不必要的東西」的理念，當成他們為期十週的 LaunchPad 課程的基石。㊻ 正如我們在第 3 章中所說，自二〇一〇年以來，LaunchPad 的學生已經創立了一百多家公司，其中一半以上仍以某種形式存在。佩里說，課程教導每個創辦團隊要一次試驗一個或幾個範圍有限的原型，並假設他們無法預測客戶會想要哪些產品。這讓大多數團隊需要不斷放棄和改變產品，才能創造出客戶想要並願意付費的產品——而且長期賺取足夠的收入來支撐一家公司。

因此，佩里和傑瑞米教導學生，不要過早或太急於採取其他創業課程和投資者宣揚的許多對於創辦公司非常重要的步驟。舉例來說，許多新創公司專家建議編寫一份詳細的商業計畫書，幫助創辦人詳細定義與解釋自己的產品或服務、財務模式、目標市場和背景。佩里和傑瑞米就教導學生，必須不斷迭代三至五分鐘的推介，因為潛在的投資者、員工和客戶，會想知道你的公司是做什麼的。佩里和傑瑞米也傳授策略性的不作為，因為他們認為編寫詳細的商業計畫書是沒有用的，甚至有害。這是因為公司的產品（和目標客戶）多半一定會不斷變化。佩里和傑瑞米認為，那些努力編寫完美計畫的創辦人浪費了時間，而這些時間最好花在原型設計、迭代和學習上。再者，由於辛勞會帶來愛，編寫計畫投注的心血，可能會導致創辦人不理性地執著於糟糕的早期想法。

佩里和傑瑞米並不是唯一對商業計畫書持負面態度的人。馬里蘭大學的大衛・克希針對七百家新創企業的一項研究發現，商業計畫書的品質與新創公司是否獲得創投資金之間沒有任何關係。47 美國經濟學家與《燒掉你的商業計畫書》一書的作者卡爾・施拉姆認為，亞馬遜、蘋果、臉書和微軟從未制定過商業計畫書，而且「從經驗來看，似乎不需要商業計畫書」。48

簡而言之，在你給人們添加負擔，結果只是浪費了他們的時間（或更糟）之前，放慢腳步並問自己：「什麼也不做會怎樣？」

爲正確的困難和低效率的事情清理道路

我們開始這場摩擦冒險時，以為組織生活中的絕大部分事情都應該盡可能快速和簡單。我們錯了。我們現在認為減法好極了，因為它可以清理思緒，讓我們有時間聚焦於本應困難、低效、複雜和令人沮喪的事。

減去不必要的干擾和負擔，就可以騰出時間發展深厚的人際關係，這對於完成出色的工作非常重要——對過上充實的生活同樣如此。陌生人團隊只要訓練有素、了解自己角色，確實可以快速建立「認知信任」，進而做好工作，例如：商業航空公司的機組人員、急診科的醫生和護理師團隊，就算他們素未謀面，但由於非常了解自己的角色，所以可以一起執行複雜的任務。然而，最佳成果還是發生在合作者建立起深厚的「情感信任」之後，而這需要長時間的共事與交談，共同經歷成功與失敗。㊾

這就是為什麼創辦新公司、開發產品、動手術和演出百老匯音樂劇的團隊和人員網絡，在反覆合作並建立情感信任後，會表現得更好。㊿當然，老團隊可能會變得陳腐，需要注入新血。但至少需要數年時間才會有這個必要。有些持久的關係永遠不會失去火花。人稱「奧馬哈先知」的華倫・巴菲特，和同為波克夏投資人的查理・蒙格，兩人於一九六五年開始合作，在近六十年的時間長河中，創造了傲人的財務業績紀錄。

減法也為必要、耗時且不可避免的失敗、困惑和混亂清理道路，而這些都是創意工作的標誌。這就是為什麼，正如我們在第 2 章中提到的，喜劇演員傑瑞・宋飛告訴《哈佛商業評論》，做這一行的，「如果你很有效率，那麼你的做法就是錯誤的。正確的道路是難走的路。」雖然有一些方法可以讓創作沒那麼低效，比如更快下手腰斬糟糕的點子。但宋飛認為，精簡過程反而會扼殺創造力，這種想法得到了大量研究的支持，尤其是試圖降低團隊或組織失敗率的愚蠢行為。正如心理學家迪恩・基斯・

西蒙頓所記錄的，最有創造力的人，成功率並不比其他人高。[51] 許多著名的天才，包括畢卡索、達文西和物理學家理查·費曼，比他們默默無聞的同行經歷了更多的成功**和失敗**。在西蒙頓研究的每一個職業中，從作曲家、藝術家、詩人，到發明家和科學家，故事都是一樣的：「最成功的創作者，往往是那些失敗最多次的人！」

減法也讓人有時間放慢腳步，創造好的規則，而不是壞的規則。對「有效規則」（green tape）的研究顯示，最好的規則未必都是最簡單和最短的。[52] 北卡羅萊納大學教授蕾莎·德哈特戴維斯在美國中西部四個城市進行的一項研究指出，公務員和民眾發現，將規則明確地寫下來，並闡明細微差別和關鍵細節，而不是可能任意改動的非正式指導方針，才是最有效的。較明確與全面的規則被認為是公平的，因為比較少出現例外或其他解讀。一位公共工程部長解釋說，她所在城市的詳細除雪政策，列出了首先要除雪的街道，這有助於應對那些因街道尚未除雪而感到憤怒的民眾，因為「可以給民眾看我們的程序，讓他們知道這不是在欺負誰」。[53]

蕾莎的研究發現，有效規則的另一個特點是，執行此類規則的政府員工會放慢腳步，花時間向市民解釋為什麼由此產生的麻煩和費用是必要的。就像有位建築官員努力向心懷不滿的居民解釋法規一樣，因為「如果人人都明白在後院的游泳池周圍設置圍欄很重要，因為每年有很多孩子溺死在游泳池裡，他們就會理解」。[54]

正如我們在第 2 章的〈摩擦鑑識〉所述，這樣的結果是：知道該添加什麼、何時該放慢速度、哪些複雜性是有用的、該讓哪些事變得不可行、知道該減去什麼、何時該加快速度、什麼該變得簡單，是一樣重要的。因此，在本章中的最後一項建議，與我們最初的建議正好相反。你和你的摩擦修復師夥伴需要一個「好的摩擦審查」來配合你的「斷捨離審查」。你應該要問：「這裡有什麼是太簡單、太容易、太快、太便宜的嗎？」

第6章

破碎的連結

預防協調混亂

- 一名癌症患者要求她的腫瘤科醫生，治療她的排便困難和消化系統紊亂，並對腦部掃描結果異常（這與醫生正在治療的癌症無關）表示深深的焦慮。那位醫生沒有提供任何幫助，也沒有給她太多同情。之後，他對醫療團隊說：「她沒什麼大礙；腫瘤控制得很好。」
這位腫瘤科醫生、他指導的住院醫生，以及他團隊中的護理師和行政人員都認為，他們的工作是治療患者的癌症，而不是治療患者整個人（包括化療的副作用）。他們把超出自己專業範圍的問題，留給這位生病且心煩意亂的婦人，要她另行就診並安排治療。
- 另一名癌症患者無法讓醫院的兩個科室安排和共享有關她約診的資訊。絕望之下，她只能在兩個科室之間痛苦地蹣跚來回——她穿著病號服，淚水從臉頰上不停滑落。
- 一名患者住院接受積極化療，歷經十四週的痛苦折磨後，終於能出院，之後只需接受門診治療。他抱了抱入院後就沒能再抱過的幼子，高興了幾分鐘後，他的妻子問道：「好吧，現在該去哪裡？」他們意識到沒有人告訴他們接下來的步驟或應該聯絡誰，只能全靠他的妻子來安排治療。

這些只是史丹佛大學教授梅麗莎．瓦倫丁歷時三年的研究中部分令人蹙眉的故事，她研究了一家尖端癌症醫院的誕生——「癌症中心」（Cancer Center）為了提供「以患者為中心的照護」，聘請最好的專家，建造最先進的設施，並添購了最新、最好的技術。❶

該中心無法實現以患者為中心的使命，反映了困擾許多組織的一種摩擦問題，就連擁有和善又熟練人員的組織也不例外，那就是：**協調問題**。**這類問題是組織不同部分之間溝通、協作和行動整合的失敗**。當工程師將設計「丟給」製造部門，卻沒有與這些人合作，進一步確保產品實際可行時，就會毀掉產品。當取消航班的作業需要幾個小時，才能將訊息傳達給第一線員工和乘客，這對旅客完全是一場災難。當你在餐廳點了自己最愛的菜色，結果廚房工作人員花了四十五分鐘才通知服務生，這道菜已經賣完了，你肯定會火冒三丈。

本章要討論組織中未能知行合一的原因和補救措施。與其他類型的破壞性摩擦一樣，協調問題往往是每個人都知道，但沒有人覺得有責任解決的無主問題。正如上述癌症患者的慘痛經歷一樣，在癌症中心，跨專家和部門協調患者的就診和治療，並不是任何人的工作。患者和家屬只能獨自與複雜的體制角力，他們必須苦苦摸索自己需要的醫療保健是由哪些人提供，還要尋找其他必要的服務，包括交通和財務協助，而這套體制幾乎沒提供什麼幫助，資訊也模糊不清。他們只能全靠自己安排就診的時間和地點。

舉例來說，該中心的一名患者表示，他在治療期間，得自行與至少五十名醫療專業人員聯繫、約診並傳達有關他的病情和所需治療的資訊。其中包括「十三名不同的醫生，這還不包括麻醉師」。他說，每位醫生在各自的專業領域都很厲害，但病患要在他們當中協調自己的治療，簡直就像在做一份全職工作。而且他覺得自己「分身乏術」，因為他得找到所有專科醫生、他們所需的有關過去治療、副作用和保險的資訊、他們開的不同藥物，以及他的預約時間表。

爭取病患權益的人士將這種累人又無償的工作稱為「癌症稅」，他們最後終於說服該中心減輕這些負擔。這家癌症中心具有組織協調混亂的兩個特點。

第一，擁有權力的人忽視、摒棄、貶低、甚至損害他們應該緊密配合的人和團體。腫瘤學家認為自己在中心的地位最高，而其他專科醫生和專家的工作是次要、無關緊要或完全無用的。他們對化療引起的副作用（包括疲勞、腹瀉和痙攣）毫不在意，認為這些副作用是「正常的」，要患者自行尋找專科醫生來治療這些問題。

其次，擁有權力的人很少關注協調問題的解決方案。創辦這家中心的高階主管、顧問和醫生口口聲聲說支持跨部門合作。然而，他們的心思都放在打造一流的腦腫瘤、乳癌和皮膚癌等團隊，但忽略了如何幫助這些科室合作。他們更沒考慮到患者需要的其他專家，包括社工、安寧照護者，以及治療癌症副作用和患者其他健康問題的心臟科與放射科醫生。

中心的領導人準備了一份闡明使命的藍圖。它強調患者會得到最好的照護，因為他們的治療會根據最新的癌症研究，該中心也會帶頭進行科學研究，找出更新、更好的癌症治療方法。梅麗莎告訴我們，這份藍圖從頭到尾都未提到，幫助「病人和家屬協調多個醫療和非醫療專家照護的行政工作」。

不同核心角色和部門的人員，缺乏共享知識和協作的意願，也沒有人將這些角色和職責連結在一起，病人當然無法獲得基本的協調合作。但是，這家癌症中心並非特例。由於人類根深柢固的偏誤、組織的設計方式，以及獎勵（和懲罰）的行為類型，類似的摩擦問題困擾著許多職場。

人爲何忽視協調

癌症中心的領導者聰明、勤奮，非常關心病人及家屬。然而，他們怎麼會創造出一個好像故意要向自己想幫助的人收癌症稅的體制？再者，為什麼有這麼多組織苦於協調問題？

部分答案是人的思考方式，出於一種常見的認知偏誤。史丹佛大學的奇普．希思和已故的南希．施陶登梅爾指出，人很容易**忽視協調**：只關注組織的各個部分，卻忽視各個部分應該如何共同運作。[2]

奇普和南希區分了兩種忽視協調模式。第一種模式是**聚焦環節**，團隊或各自為政部門裡的人過度關注自己的工作，很少在意它會如何影響他人的工作，以及如何被他人的工作影響。就像有位福特汽車公司的工程師坦承，他的團隊非常專注於設計汽車底盤，導致「我看到一輛汽車在路上行駛時，其他零件（除了底盤）都消失了。我只能看到懸吊支架上下移動」。在他心裡，汽車的其餘部分與製造這些零件的福特員工，幾乎不存在。那家癌症中心也因為聚焦環節而一葉障目。就像那位腫瘤科醫師，將腫瘤視為病患健康的唯一相關因素。

奇普和南希是這麼說的，對於有聚焦環節毛病的人來說，「整體不是『各環節的總和』，而是一個環節發揮作用的結果。」

一個人的專業知識越深，這種狹隘的聚焦就越嚴重。奇普和南希說明了「知識的詛咒」如何加劇因聚焦環節而造成的協調問題：專家由於長年學習一個主題，早已得心應手，對自己所知是不說自明，結果他們錯誤地認為其他人對此應該也能很快理解。專家會無意中造成協調混亂，原因在於他們以為有些重要訊息是不必說也知道的，所以沒有傳遞給其他職位和領域的人員。

或者這些專家在試圖傳遞訊息時，提供了他們自認為很清楚的解釋，但對圈外人來說，根本難以理解。比如組織理論家黛博拉．多爾蒂研究的「技術人」。❸這些技術人提供了含糊且充滿術語的電腦磁碟機規格，以為製造部門的同事可以輕易實施——根據他們自認為準確反映了公司客戶需求的設計。但當這些技術人和他們的客戶看到最終產品時，太多知識都在轉達過程中遺漏了，結果兩邊都說：「天啊！這不是我們要的！」

專家也容易過度自信，認為自己精深的知識讓他們對其他領域也能一點就通。他們高估自己對他人工作的理解，將其過於簡單化，並貶低自己領域之外的人的貢獻和技能。過度自信，是黛博拉研究的技術人設計出瑕疵產品的另一個原因。他們確信以自己精深的技術知識，就足以設計出傑出的產品——並認為與製造人員、銷售人員或客戶交談和傾聽是浪費時間。他們認為自己的設計很容易製造，但事實上非常困難。他們沒有考慮定價和市場規模，而是認為只要產品採用了最新技術，在市場上必然能獲得成功。

聚焦區隔是忽視協調的第二種模式，發生在決策者過度專注於將一個組織的各個優秀環節集結起來，而忽略了這些環節如何協同工作的時候。那家癌症中心就是如此，領導者把心思都花在集結世界上最優秀的專家，並為他們提供優秀的員工和技術支援——卻不怎麼關注如何將他們的工作與其他科室和專家聯繫起來。二戰初期，聚焦區隔也困擾著美國海軍領導人。在《軍事災難》一書中，歷史學家艾略特・科恩和約翰・古奇描述了美國如何透過模仿英國的方案來阻止德國潛艇襲擊，包括使用由專家操作的聲納和驅逐艦護航。但英國人運作順利的方法在美國海軍身上卻失敗了，美國海軍的船隻被擊沉的速度仍然遠高於英國船隻。❹

兩國的做法有何差異？美國領導人在仿效英國方案時，少了一個整合人員、設備和資訊的步驟：建立一個情報中心，用來追蹤船隻和飛機、蒐集照片和戰俘供詞，以及攔截德國訊息。這個中心與所有英國船隻相連，並迅速向它們通報可避免德國攻擊的路線，以及尋找和擊沉德國潛艇的戰術。經過幾個月的失敗後，美國海軍創建了第十艦隊，在潛艇戰中扮演整合角色。《軍事災難》中提到：「在第十艦隊成立之前的十八個月裡，美國海軍擊沉了三十六艘德國潛艇。而在成立後的六個月內，美國海軍擊沉了七十五艘德國潛艇。」

英國和美國海軍，以及前文看到的癌症中心，帶給我們的教訓是，高明的領導人可以避免和修復「忽視協調」。摩擦修復師能為協調奠定基礎，打造獎勵人們幫助同事完成出色工作的組織——而不是互扯後腿、勾心鬥角。

基礎：別把朋友當敵人

不管組織規模大小，都必須分成更小的單位才能運行。如果不將人員分成不同角色、團隊、地點、班次和部門，組織就無法順利運作。即使是很小的組織也需要這種「差異化」。

這是阿克西．科塔里（Akshay Kothari）和安基特．古普塔（Ankit Gupta）在創辦脈動新聞（Pulse News）時學到的事；脈動新聞是一家為手機和平板電腦開發新聞應用程式的新創公司。阿克西和安基特告訴我們，當脈動新聞的員工從三人增加到八人後，全員在一個房間工作，溝通開始出現問題，爭吵和混亂也隨之增加。他們的反應是將全員分成三個團隊。這種劃分使每個團隊能夠專注於自己的工作，而不會被打擾和分心。為了幫助團隊之間的溝通和協調，「每個團隊都有一個公告板，記錄著他們手頭的工作，好讓脈動的每個人都知道他們在做些什麼」。此外，每天下午三點半，「每個團隊還會向全公司發表簡短的談話，說明他們正在做什麼與需要幫助的地方」。動盪幾乎立刻就平息了，這家小公司開始生產更好的軟體，而且速度更快。脈動不斷成長，直到二〇一三年被領英以九千萬美元收購。❺

然而，使脈動新聞得以成長的團隊劃分，卻可能在不良組織中掀起大亂，甚至在最好的組織裡也會引起惱人的副作用。這是因為人類的天性，就是傾向於將「其他」團隊、部門或角色，視為威脅和競爭對手。實驗指出，一些微不足道的分歧，比如穿著不同顏色的襯衫，或者「熱狗堡是或不是三明治」的認定，就會引發我們把「非我族類」的人看成競爭對手，並在發放獎勵時不公平地偏袒「自己人」。❻

組織放大了這種傾向，創造出「我贏，你輸」的金錢地位競爭——獎勵那些忽視、妖魔化和拒絕與同事合作的員工，並懲罰那些幫助同事成功的人。史蒂夫．鮑爾默在二〇〇〇年至二〇一四年擔任微軟執行長期間，所創建的文化和由此產生的激勵制度，就因獎勵忽視、謾罵和背後中傷同事的員工而臭名昭著。正如一名微軟工程師所說：「員工不光是因為表現出色而獲得獎勵，還因為他們確保同事失敗了。」❼

二〇一四年我們訪問微軟時，執行長薩帝亞．納德拉剛上任，內部人士對鮑爾默塑造的文化和獎勵制度造成的損害直言無諱。❽在對三百多名經理演講時，我們秀出一張投影片，上面引用了金融服務公司貝雅（Baird）當時的執行長保羅．柏塞爾（Paul Purcell）的話，他將混蛋定義為「將自己的需求置於客戶、同事和公司之上」的人。後面的一位女士喊道：「這說的就是我們大多數現任高階主管，除了納德拉。」結果全場報以熱烈掌聲。我們要求提些例子。一位主管提到，微軟作業系統在蘋果 iPhone 上，比在最近停產的微軟手機上運行得更順暢，因為「我們把矛頭指向自己人，而不是蘋果」。

診斷性提問

為了幫助評估組織是否遭受破壞性競爭和衝突，並找出解決方法，我們會問：「這裡的超級明星是誰？」其次是「人們的成功，是靠工作出色並幫助他人成功？還是在工作出色的同時，卻忽視、甚至扯同事後腿？」當人們因幫助他人而獲得獎勵時，感染微軟（以及其他許多地方）的醜陋風氣就會大幅消退。

美國足球女將布蘭迪．查斯頓在北加州女童子軍聚會上講述過一個故事，正好貼切說明了這兩種風氣之間的差異。布蘭迪最出名的就是在一九九九年女足世界盃上，為美國隊踢進致勝球並脫掉球衣慶祝。布蘭迪感謝祖父教導她成為一名優秀的足球員，以及有好人品。這包括他的獎勵制度：每進一球，祖父就給布蘭迪一美元，但助攻是一．五美元。因為，正如布蘭迪所說：「施比受更好。」

獎勵協作與協調

納德拉在二〇一四年接管微軟時，鮑爾默留下的體制是讓員工透過「堆疊排名」（stack ranking）的績效系統相互競爭。公司所有員工從最好排到最差，其中前二〇%的員工能獲得絕大多數的獎勵，而無論如何，最後一〇%的員工都會被評為「差」。一名主管形容這種方式是「人身攻擊式的管理」。

納德拉上任後放的第一把火，就是廢除堆疊排名。❾他致力於扭轉原本強調獎勵最聰明的人的做法，因為這些人橫行霸道與頤指氣使。他鼓勵人們多提出問題、多傾聽，成為「無所不學」，而不是「無所不知」。他強調，大家要實踐「一個微軟」

（One Microsoft）理念，也就是公司不應成為「割據聯盟」，因為「創新和競爭力不會欣賞公司的藩籬，因此我們必須超越這些障礙」。為了支持這種新文化，納德拉改變獎勵制度，使那些跨部門和團隊工作的人成為超級明星，因為他們所打造的產品和服務能融合無間。**同時**，讓那些幫助他人成功的人被視為超級明星。在鮑爾默的領導下，因為暗箭傷人而大出風頭的人改變了作風，或者自願離職，或是被趕出公司。

這些變化，以及納德拉領導團隊引發的許多其他改變，似乎刺激了整個公司的合作與協調——最終造成了明顯的轉變。二〇一九年，美國顧問公司聲譽研究所（Reputation Institute）的報告指出，臉書和Google等許多科技巨頭的聲譽直線下降，但微軟因產品、服務和領導力改善，成為榜單上進步最快的公司。❿二〇一八年，根據知名職場資訊平台玻璃門（Glassdoor）的調查，九五%的微軟員工認可納德拉的表現，這與鮑爾默在二〇一二年只有四六%肯定的評價相比，差距十分巨大。最後，自從納德拉在二〇一四年接手後，微軟市值從原本的三千億美元左右，到二〇二三年秋季成長為超過二．五兆美元。

靈活運用層級制，壓制不良行為

摩擦修復師不僅依靠大膽的聲明和獎勵來阻止人們把朋友當成敵人，他們還會隨著事件的發展發揮影響力。正如第 4 章看到的，密西根大學的琳蒂．葛瑞爾發現，精明的領導者知道如何與何時在扁平化和啟動層級制之間靈活轉換。琳蒂在研究發現，高明的執行長會在每個人都應該提出想法、爭論或批評時，發出信號。⓫ 在琳蒂合作的一家醫療保健公司裡，「執行長在與他的十一人執行團隊舉行月會時，會先簡短地鼓舞打氣，提醒大家公司正在追尋的更大願景。然後他就會交棒給行銷長，讓她分享自己的討論目標：對品牌新標誌做出最終決定。她邀請與會的所有人說出自己的想法——這引發了一連串事實、建議和疑慮」。這位執行長透過走到會議室後方與最後發言，「最小化自己的權力」。

但當大家開始針鋒相對或浪費時間時，琳蒂研究中最厲害的那些執行長就會行使權力。比方說，有位執行長在「擔心眾人的分歧開始變得衝著個人而來，或是分散了我們對進展的注意力」時，「就會回來接掌局面」。在高明的領導者手中，這樣的舉動有助於確保（在當下）大家對自己的行為舉止與協調行動的基本規則心裡有數。

眾志成城：熱因的力量

在鼓動人們與他人好好合作之後，接下來的問題就是要將這種有建設性的能量引導到何處。當人們理解並對前進的方向達成共識時，他們會協調得更好。摩擦修復師透過將這些目標轉化為情感上的「熱因」（hot cause）來激勵人們，特別是能激起公憤和自豪感的目標，再用這些熱因來構思並實施「酷解」（cool solution）——也就是具體且協調的行動。[12] 之前提過的癌症稅就是如此。一旦爭取病患權益人士讓癌症中心的領導層意識到，他們正在給自己想幫助的人帶來沉重的負擔，心中不安的院方人員就會展現決心開始與患者及家屬合作，努力解決這些問題。

首先，院方人員請爭取病患權益人士向中心的各個團體講述他們的痛苦經歷。這些故事讓中心員工對癌症稅感到憤怒，並促使他們想出酷解。院方成立專案小組，每週開會重新設計「腫瘤科門診團隊結構，使其更以患者為中心」。起初，醫生群抗拒為尋求資金、進行研究和執行專業以外的事而分心。比如有位腫瘤科醫生說，他不關心改善患者在各門診之間的轉移，並認為這並不重要。像他這樣固執的醫生不少，但在聽到病人的故事、認識病人及其家屬、閱讀有關「照護協調」的研究後，他們改變了態度。十個月後，同一位腫瘤學家堅稱問題「歸根究柢在於協調」，以及「給病人帶來了太多的負擔」，必須對體制進行改造，幫助不同科室的醫生「相互交流，交換關於患者的資料和計畫」。

重中之重：預防和修復協調混亂的方法

身為摩擦修復師，為了減少協調問題，你的工作是尋找和測試新的解決方案，將它們傳授給其他人，並不斷更新自己的工具包。這裡有六種可能適合你的解決方案。

①讓新進人員熟悉組織，而不僅僅是工作

致力於建立協調文化的摩擦修復師，不會只訓練新人履行其狹隘的工作職責。摩擦修復師會教導新人，自身的工作如何與其他人的工作配合、組織如何運作，以及如何使用整個體制來幫助自己完成工作。這可以省去很多以後的麻煩。

針對新進軟體開發人員研究的結果正是如此——無論他們是在 Google 這樣的大公司工作，還是自願參與結構鬆散的開源軟體專案。⓭ 能堅持下來並貢獻有價值程式碼的開發人員通常有導師，導師會歡迎他們、解釋哪些人在做什麼、並介紹他們的工作如何在更大的使命中發揮作用。還有一些導師會教導他們使用正確的工具並遵循團體規範，讓他們能與其他開發人員順利合作。

當人們加入一個需要與大量同事和客戶進行細緻協調的組織時，精心設計的入職流程非常重要，就像哈佛商學院新教師的入職培訓。雖然我們是史丹佛大學的教授，但我們認為哈佛商學院的 MBA 課程是全世界最棒的。哈佛商學院的教師特別擅長教授各種案例，從「特斯拉與伊隆．馬斯克」「歐普拉」到「航運巨擘馬士基：押注區塊鏈」。在大多數課堂上，教師都會使用尖銳的問題和「冷不防的點名」，要求學生不只要看到案件的明顯事實，更要分析背後的原因和機會。教師會當場將學生的觀點彙整在一起（通常是寫在黑板上），並引導學生得出關鍵要點——這些重點通常是對艱難抉擇的細緻入微體會，比如他們處在馬斯克或歐普拉的立場上所面臨的選擇。

在觀摩哈佛商學院的課堂時，一班約九十名學生在教授精心策畫的行動中活躍的氛圍，讓我們印象深刻。所有學生都保持高度警惕，因為他們想發表贏得同學尊重的評論。我們幾十年前從哈佛商學院畢業的朋友，到現在還會提起課堂上那些聰明風趣

（或不風趣）的同學。學生會如此積極還有一個原因，他們的每一條評論都會由教授評分——課堂參與通常占期末成績的一半。

哈佛商學院的學生和教師，不會在高牆聳立的孤島中各自為政。他們精心協調角色，確保每個人都能從課程中得到最大收獲。學生以學習小組的形式剖析每個案例到深夜。每年來到哈佛商學院的MBA學生有九百多人，在所有人的必修課程上——包括金融學、領導力與組織行為學——學生被分為十個小組，每個小組一起上必修課。同一必修科目的五、六名教師緊密配合帶領這十個小組。每位教授都以相同順序教導相同案例。他們開會討論如何教授每堂課——要問的問題、預期的學生評論，以及如何組織他們的「板」（教師在白板上寫下的學生評論摘要）。教師也定期與學生會面，特別是班上選出的「班代」，他們代表同學稱讚課堂優點，同時也會表達疑慮，並提出建議。

哈佛商學院的資深教師和行政人員會舉辦入職體驗活動，幫助新進教師熟悉訣竅。每年，每位新進教職員都會與大約十五位哈佛商學院的新教授，一起參加為期三天的沉浸式START課程——無論是沒有教學經驗的菜鳥，還是曾經是其他商學院的明星教師，都要上這一堂課，而且也確實需要它。我們曾經與哈佛商學院的一位教授談過，他二十年前是新教師時參加過START，最近又以資深教師的身分在START計畫中協助教學。這位教授在擔任這兩個角色時都感到「驚嘆」，因為START的設計非常好，可以幫助新人快速熟悉哈佛商學院複雜的文化和體制。

START的內容包括行政人員的演講，主題從學校的結構、賺錢和花錢的方式，到隨時準備為教職員和學生提供幫助的眾多工作人員。哈佛商學院的資深教師解釋了教師預計會遇到的人物角色，以及如何向他們學習——並格外強調要傾聽學生的回饋。在課程的前兩天，新教師要扮演學生的角色。他們分成小組準備案例討論。然後，哈佛商學院的教師會向他們講授案例——冷不防點名什麼的都使出來——讓他們體驗學生的感受。在第三天，新教師會進行教學練習並錄影，經驗豐富的教師會對這些教學做評論。在之後的一學年裡，START的同期學員每月都會見面，深入探討各種主題，包括如何善用學生回饋、教導高階主管，以及兼顧眾多要求。⓮

我們不是要建議每所商學院都進行如此密集的入職培訓；其他地方（包括史丹佛大學）的協調要求沒那麼強烈。但如果你的組織飽受協調混亂的困擾，請認真檢視入職程序。弄清楚員工入職後的第一週會發生什麼，詢問他們什麼事最糟糕，並跟隨一些人。你可能會發現新人和老手老是發生失誤，因為沒有人教他們該和誰一起工作，或者體制的各個環節如何齧合在一起。

② 與一線人員近距離接觸

麥可．路易士數十年來創作了多部暢銷書，包括講述投資銀行內部運作的《老千騙局》、講述二〇〇七年金融危機的《大賣空》，以及關於新冠肺炎疫情的《預兆》，這本書講述一群比美國疾病管制中心早了數月發出預警的公共衛生專家。為了理解大型且複雜的組織如何運作，麥可沒有全信高層領導的言論，而是與中階和第一線人員交談。他說，從最高層往下第六層的人才是真正的專家，他們讓事情順利進行，並且知道事情為什麼會出錯。麥可將其稱為「第六層策略」⑮，這是他從前軟體高階主管托德．帕克（Todd Park）那裡學到的術語。托德．帕克曾在歐巴馬執政期間，擔任美國衛生與公眾服務部的科技長。

在麥可的《違反規則》（*Against the Rules*）podcast 中，托德談到他如何幫助扭轉政府標誌性健康保險法案「歐巴馬健保」的失敗。HealthCare.gov 網站於二〇一三年十月上線，目的在協助數百萬美國人找到並加入健康保險。該網站不斷掛掉，而且故障不斷——每次滑鼠點擊後都要等八秒鐘才有反應。在托德主動提出主導修復 HealthCare.gov 後，他發現應該負責的主管不知道它為何掛掉，更不用說如何修復了。托德使用了他還是資訊科技公司 Athenahealth 共同創辦人時學到的第六層策略。

在第六層，他找到了為HealthCare.gov忙了幾個月的幾個政府承包商，他們知道這個網站為什麼很爛，因為他們分別為網站製作功能，「安全協定、無障礙要求和數百個其他細節」。[16]

但問題是，沒有一個承包商「處理過整體效能問題，比如用戶輸入後網站的反應速度」。這是典型的無主問題：「甚至沒有承包商負責確保網站能正常運作。」

托德為這些承包商與總統創新研究員（Presidential Innovation Fellows）團隊牽線，他們是在歐巴馬政府任職六個月的矽谷技術專家。這些研究員和終身官僚及政府承包商之間衝突不斷。然而，正如《連線》雜誌報導的，他們對彼此還是有起碼的尊重。他們共同修補了HealthCare.gov，「透過仔細監控、自動化測試，以及一個協作、有條不紊、常識性的錯誤修復方法，讓網站面目一新」。

第六層沒有什麼神聖的地方。在有些地方，往下三、四層就夠了。關鍵是找到了解體制如何運作與為何出錯的人員，例如：員工、客戶或供應商。這項策略的實踐者當中，卡爾．利伯特（Carl Liebert）[17]是我們最欣賞的人之一。利伯特曾擔任24 Hour Fitness（當時是美國最大的連鎖健身俱樂部）的執行長、USAA（一家保險公司兼銀行，為超過一千三百萬過去和現在的美國武裝部隊成員和家屬提供服務）的營運長、AutoNation（美國最大汽車零售商）、KWx（美國最大房地產公司Keller

Williams的母公司）的執行長。

利伯特同樣認為，要有效地領導一家大公司，就必須繞過層級制，到「真正的專家」工作的地方。利伯特二十三歲在美國海軍艦艇上擔任補給官時，就養成這種偏好。當時他的職責之一，是從海軍供應鏈中採購戰友要吃的東西。軍官和士官的飯菜是另外做的，最好的食材也是給他們。但利伯特和其他所有軍官都知道，「船員食堂」——士兵用餐的地方，是否能提供美味的食物，才是影響船上士氣和運作的關鍵。這些士兵很快就提醒利伯特，他的工作就是了解他們想要（和不想要）的食物和飲料，並弄清楚如何獲得這些好東西。利伯特開始大部分時間都在船員食堂吃飯，而不是和其他軍官一起。正如利伯特告訴我們的，這樣他才能聽到士兵的抱怨、讚美和建議，並親自品嘗食物——他才可以依此採購士兵真正想要的東西。

二〇〇二年，利伯特把這套理念帶到家得寶，當時他被聘為門市執行副總裁，負責供應鏈的現代化，該供應鏈為大約兩千家家居裝修門市採購和配送庫存。利伯特的座右銘是：「在公司總部學不到你需要知道的事，你必須去門市。」對利伯特來說，光是拜訪門市並與員工交談還不夠。門市面臨的主要瓶頸之一發生在凌晨，也就是卡車送貨來的時候。新貨物送達後要登入電腦系統，拆開包裝，並堆疊上架。這些工作發生在午夜到早上七點之間。連續十八個月，利伯特和他的幾位工程師每月一次在午夜到一家門市報到，穿上家得寶的橙色圍裙，與門市員工一起上七小時的班。

親自上大夜班，讓利伯特的團隊找出了問題的原因和解決辦法，包括送貨混亂、上架緩慢和勞動成本高昂。舉例來說，大約有二〇%的家得寶供應商寄到門市的成箱工具、油漆等貨物，總是會短少品項——標示有十二罐油漆的箱子裡可能只有十罐。店經理的考績和拿的薪水，很大程度上是為了減少庫存「縮水」、丟失和被盜。他們不想替這些送丟的東西背黑鍋，所以員工要花費數小時打開箱子，清點裡面的物品，並在發現差異時更新庫存系統——公司總部的高層並不知道這個瓶頸堵塞了系統。

正如利伯特所說，六千多名做這些工作的家得寶員工，是在浪費時間和金錢，而顧客想要的商品卻還沒補齊上架。這項發現刺激了對整個供應鏈的變革，進而確保箱子中的內容物在到達商店之前都已準確記錄、要求供應商對錯誤負責，並建立一個能讓主管和員工都信任的庫存系統——這樣他們就不必把箱子一一打開清點內容物。

③ 好故事激發協調

古人類學家伊恩．塔特索爾認為，講故事是人類獨有的能力，並使我們比其他靈長類動物更具進化優勢，因為故事是濃縮和分享群體知識十分有效與細緻的手段。⑱

同樣的，對菲律賓狩獵採集部落阿埃塔（Agta）約三百名成員的研究發現，擁有說故事好手的「營地」較具有競爭優勢，因為「故事透過為個人提供關於規範、規則和期望的社交資訊，似乎可以協調群體行為與促進合作」。[19]

人類學家丹尼爾．史密斯的團隊，研究了阿埃塔長老講述的八十九個故事，其中包括《太陽和月亮》：「太陽（男性）和月亮（女性）爭論誰該照亮天空。一場戰鬥證明了月亮和太陽一樣強大，於是他們同意分擔責任——一個照亮白日，另一個照亮黑夜。」丹尼爾等人發現，阿埃塔故事的主題是為了更大的利益而合作、協調和公平。太陽和月亮停止了爭鬥，分工合作，公平安排各自的工作，惠及所有人——這個故事還傳達了男女平等。

丹尼爾的團隊要求部落成員提名最會說故事的人；他們將一百二十五名成員評定為說故事好手（六〇%為女性，四〇%為男性），將一百九十九名成員評定為不熟練（四五%為女性，五五%為男性）。然後，研究小組做了一個實驗，十八個阿埃塔營地的成員，每人都收到一份米（足夠吃一餐）做為禮物，他們可以自己留著或與同營地的人分享。說故事好手較多的營地中，有更多的成員分享他們的米。當研究人員詢問部落成員，希望哪些阿埃塔同胞住在他們的營地時，說故事好手受到壓倒性的歡迎。平均而言，說故事好手比不太會說故事的人有更多的孩子，這支持了人類學家關於他們具有進化優勢的論點。

好的故事也能在現代企業引發行動、合作和協調。比方說，休伯特・喬利擔任百思買執行長，帶領公司轉虧為盈時所講述的故事。[20]二〇一二年休伯特剛上任時，公司銷售額和獲利大幅下滑，名嘴和專家紛紛為這家電子連鎖店撰寫訃聞。結果在休伯特的領導下，百思買銷售額連續五年成長，股東報酬率增加了二五〇%以上，線上銷售額也倍增。

休伯特認為，他所講述的故事加強了百思買員工與顧客，以及員工與管理階層之間的連結。比如喬丹的故事，這個住在佛州的三歲小孩非常喜歡他的霸王龍玩具，說那是他的「恐龍寶寶」。[21]有一天恐龍寶寶的頭斷了，喬丹傷心極了。喬丹的母親在百思買找到了一模一樣的霸王龍，在網路上訂購後開車載喬丹到一家門市取貨。她告訴百思買員工，他們需要一位「恐龍醫生」。這位員工提姆找來另一名同事史蒂芬妮，兩人把喬丹的無頭恐龍拿到櫃檯後面，避開喬丹的視線進行「手術」。「再縫幾針就好了。」兩人一邊說，一邊用新的霸王龍替換了壞掉的玩具。當他們把「治好」的恐龍交給喬丹時，他高興地尖叫起來。

神經經濟學家保羅・扎克解釋說，這類故事聚焦在令人嚮往、有時甚至是英雄般的行為上，並創造出一種緊張感，吸引聽眾，並將他們帶入主角的世界——這樣他們就會體驗到相同的情感。㉒當一個好故事展開時，說故事者和聽眾的腦波會同步。當休伯特向其他百思買員工講述這個霸王龍的故事時，他們都被故事迷住了，並像提姆和史蒂芬妮一樣渴望幫助喬丹。他們感覺與休伯特和故事裡的人產生連結，並重溫了提姆、史蒂芬妮、喬丹和喬丹的媽媽所經歷的情感。員工意識到，就像提姆和史蒂芬妮一樣，他們也可以一起努力為客戶創造魔法。

像這樣的好故事能活化我們的「幫忙肌肉」——而不是自私的「我、我、我」行為——這對於協作和協調非常重要。這些故事也具體呈現出，當人們齊心協力時工作會是什麼樣子。

④設立致力於整合的角色和團隊

這是在你的組織中設立一名專家，負責整合以前脫節的角色、各自為政的部門和行動。前文提到的癌症中心，設立了一個集中式的「關懷點」計畫，藉此減少患者及其家人的癌症稅。關懷點行政人員利用他們的知識和關係，讓病患的求醫旅程順利進行，當出現問題時，病患和家屬也有地方尋求協助。該中心的醫療主任是這樣描述該計畫的：㉓

關懷點是一項新的單點聯絡計畫，將患者與〔癌症中心的〕許多服務和計畫聯繫起來，例如：安寧照護、整合醫學、疼痛管理、癌症支持護理、青少年和年輕人計畫、癌友服務、社會工作、心理腫瘤學、神經心理學、營養、精神護理、財務諮詢、提供翻譯服務的資源庫、造口或傷口護理、遺傳學和基因組學等等。

梅麗莎向我們解釋說，關懷點計畫在減少癌症稅方面的效果，並不如爭取患者權益人士所希望的那麼大，因為行政人員在安排患者與提供直接腫瘤護理的單位（即提供癌症治療的專家）的預約方面，影響力有限。這些強大科室的領導者，不願意給予行政人員安排其行為的權力。不過關懷點的行政人員確實也減少了一些癌症稅，他們為病患「通知、轉介、安排和協調」眾多其他「輔助服務」。關懷點團隊也會專門為複雜的病例直接協調，因為這些病例需要中心內外眾多專家的支持，所以癌症稅對此類患者及其家人來說尤其嚴苛。

中心領導也意識到，關懷點計畫並不是「一勞永逸」的修復方案——他們知道，與癌症稅作戰就像玩一場永無止境的打地鼠遊戲。高階主管、行政人員、醫生和護理師，仍然每月與患者與家屬諮詢委員會見面，設法解決新問題和頑強的舊障礙。

從事此類整合工作的人往往是專家群中的通才。關懷點護理師對癌症中心的每個科室都有廣泛的了解，包括應該向誰求助，以及應該避開誰。在組織中擔任過多重角色的員工，特別擅長化零為整。蘇頓參觀過舊金山灣區捷運（簡稱BART）的營運控制中心，為他導覽的是運輸長盧迪・克雷斯波（Rudy Crespo）。[24] 克雷斯波已在BART工作了三十多年，他介紹在這個神經中樞的十幾個人如何協調現場員工的工作。他們的職責包括管理列車運行、安全、電力管理和緊急應變，而克雷斯波是總負責人。蘇頓問克雷斯波，這些職位中他擔任過幾個？克雷斯波回答：「全部。」

⑤ 修復交接問題

不同角色、各自為政的部門、輪班和時區的人員之間的資訊交換不良，是導致協調混亂的主因之一。正如我們在癌症中心看到的，當角色和各自為政的部門之間的交接支離破碎時，客戶可能會面臨可怕的折騰。但是，當來自不同部門的員工聚集在一起，了解彼此的工作和需要做什麼才能取得成功時，就可以解決交接問題。

組織心理學家卡爾・韋克描述了美國林務局使用了哪些規則和慣例，幫助滅火的消防隊員面對交替上陣時的超負荷和混亂。其中一條規則是「切勿在大熱天交替滅火」。消防人員在一九九〇年亞利桑那州佩森市的杜德火災中，以慘痛方式學到這項教訓。當時的交接不當，導致六名消防員在火場殉職，而這起災難發生在「一個炎熱風大的日子，當時是下午一點，氣溫在攝氏三十二度以上，火勢正迅速蔓延」。現在，工作人員只在夜間進行交接，此時更容易看清火勢，而且「風勢較小，加上濕度較高、溫度較低，可以穩定火勢」。

消防隊長會利用交接簡報來幫助傳遞「整體情勢」，其他情境下的摩擦修復師也可以借鑑這些步驟。在森林火災時，即將退場的隊長在與來接手的隊長交談時，會逐一交待以下五個步驟：❷❺

一、我認為目前面臨的情況是……

二、我認為我們該做的事是……

三、原因是……

四、我認為我們該密切注意的是……

五、現在請你說話，也就是告訴我，你是否（a）不明白（b）做不到（c）發現我沒注意到的地方。

最後一個步驟讓兩位隊長都有責任保證訊息確實傳達，並解決相互衝突的看法。

《新英格蘭醫學雜誌》上有一項針對九家醫療中心的八百七十五名兒科住院醫師的研究，目的是改善換班時的交接。每位新入職的醫生都要參加三個小時的課程，幫助他們在換班時向其他醫護人員傳達病患訊息。住院醫師要學習 I-PASS 法：I-PASS 代表「疾病嚴重程度、患者摘要、行動清單、狀態意識和應急計畫，以及接收者整合」。㉖然後他們透過角色扮演來練習。在接下來的六個月裡，住院醫師在換班時會受到監察和指導，提醒他們應用 I-PASS，研究人員會致贈餅乾和禮品卡等做為他們提供行為數據的小獎勵。

該研究追蹤了每個醫療中心接受 I-PASS 培訓後，六個月內入院的一萬零七百四十名兒科患者。結果顯示 I-PASS 干預措施與可預防性醫療錯誤的減少有關，例如：忘記給患者投以胰島素等藥物，或投以錯誤的藥物或劑量。這些不是什麼無傷大雅或無害的錯誤，這些錯誤都會傷害孩子——導致併發症，需要更多治療或延長住院時間。總體而言，此類可預防性傷害減少了三〇％——從每一百名入院病人四・七次錯誤，減少到三・三次。

⑥應變協調

摩擦修復師有兩種心態。首先，他們努力防止不愉快的意外，打造一個讓人們不會因一次又一次的緊急情況而精疲力竭，也不用成天擔心體制失靈的職場。其次，他們知道，正如披頭四成員約翰・藍儂所說：「生活就是當你忙著安排其他計畫時，發生在你身上的事。」

管理學教授貝絲・貝基與傑拉爾多・奧克伊森研究在複雜工作展開時，團隊如何從一開始的「按樂譜演奏」，但在出現意外時轉向「演奏爵士樂」。㉗貝絲在兩部電影、一部廣告片和一部音樂宣傳影片的拍攝現場，進行了深入訪談和觀察——並在其中三個工作中擔任製作助理。傑拉爾多訪談並觀察特警隊（全副武裝的警察部隊，使用軍事戰術進行高風險搜查、解救人質、阻止持槍者和危險分子）的十八名警官。

影片攝製組和特警隊經常面臨許多意外，所以「他們早就預期會發生不可預期的情況」，並以能即興應變、重新組合「現有素材」與「迅速回歸任務」而感到自豪。電影攝製組是臨時組成的團隊，主要由陌生人或曾合作過數週或數月專案的熟人組成。這些非固定員工扮演的角色，包括導演、攝影師、服裝總監，或像貝絲一樣擔任製作助理。特警隊員則是長年共事、一同訓練，並曾共同完成數十項危險任務。然而，兩者都使用類似的策略來對意外狀況做出快速與有創意的反應。

這些團隊一開始都會有一個暫定計畫，也就是「樂譜」。攝製組每天都有詳細的日程安排。特警隊為每個任務制定計畫，具體規定誰將負責掩護房屋的出口、狙擊手將駐紮在哪裡，以及警察何時破門而入等等。**但是**當事情沒有按預期進行時，因為人們非常了解彼此的角色，以及角色之間該如何配合，所以團隊能靈活應變，當場修改計畫。

角色轉換幫助他們做出快速的調整。也就是意外導致關鍵角色空缺，就由其他人填補。當操作空拍攝影機的專家無故曠職時，貝絲正在現場。攝影師召集了剩下的五名攝影機操作員，他們只花了幾分鐘就弄清楚還有誰可以操作空拍攝影機，並將另外兩名操作員調到不同的機位填補空缺。

調整慣例是另一種即興做法。當意外導致原訂計畫的順序或方法沒有發揮作用，應該採取不同的措施時，就會觸發這種做法。在一次特警任務中，人質遭歹徒持槍劫持，計畫是由團隊中的一名神槍手一槍擊斃歹徒，但神槍手沒有擊中歹徒，而是擊中了旁邊的門框，歹徒「立刻驚覺特警隊想殺死他」。特警隊在幾秒鐘內就立刻換檔。正如傑拉爾多所說，在「沒有花時間交流」之下，「闖入小組」「一言不發」就執行了一次暴力且流暢的「動態闖入」。

這對摩擦修復師的啟示是，是的，盡可能先按計畫行事。計畫有助於將工作編織在一起（按譜演奏），並辨識何時該因為計畫行不通而即興演奏（演奏爵士樂）。貝絲和傑拉爾多的研究也指出，為了磨練組織的應變協調，你應該敦促和培養員工，這樣他們就不會在出現問題時忙著互相指責。相反的，請善用特警人員所謂的「玩具盒」，也就是熟練翻查、選擇和混合現有角色、策略和工具的技巧，將討厭的意外消滅在萌芽狀態。

附帶一提：如果不需要協調，就不會出亂子！

我們先前的重點是當協調至關重大、複雜且具挑戰性時該怎麼做。還有一個補充途徑是減少協調的需要。以下是一些屢試不爽的策略。

我們不需要你，你不需要我們

這項策略是將組織設計為仰賴人員和部門之間沒那麼「相互依賴」的形式。詹姆斯・湯普森在一九六七年出版的經典著作《行動中的組織》中指出，**互惠性相依**（reciprocal interdependence）的要求最高。[28]也就是人員、團隊、各自為政的部門等，必須隨著工作的展開，不斷地來回調整，應對彼此。足球就是一個很好的例子。球員必須隨著隊友和競爭對手的傳球和射門，不斷改變自己的動作——而隊友和競爭對手也要不斷調整，回應其他人的傳球和射門。

聚集性相依（Pooled interdependence）要求最低。也就是組織將人員或部分單獨和獨立的努力結合起來，或者「匯總」。他們幾乎不需要（或不可能）進行溝通或協作。舉例來說，在奧運會上的團體體操比賽中，隊友們可以互相提供建議和支持，但團隊成績僅根據地板動作、雙槓等項目個人得分的累加。同樣的，正如顧問羅傑・施瓦茲在《哈佛商業評論》中所解釋的：「如果你和其他人是單獨銷售，再將每月的個人銷售數據加總，得出團隊業績，那麼你的銷售團隊的設計就是聚集性相依。」[29]

有時最好以這種方式安排工作或單位，提供資源、激勵和自由，讓他們可以獨立地往前衝，自成一島運作。梅麗莎和她的恩師艾美・艾德蒙森研究的一處急診室就是如此。[30]它由四個六人「艙室」（pod）組成，每個艙室裡有三名醫生和三名護理師。在設置艙室之前，每天二十四小時輪流上陣的二十五名護理師和醫生，就像一群毫無章法的暴民。造成混亂的部分原因是角色陣容不斷變化。這些醫生和護理師實施四到十二小時輪班，可以彈性排班。在過去的混亂時期，管理人員會從這二十五名醫護人員中，為每個病人分配一至兩名護理師、一名住院醫生和一名主治醫生。但醫生經常忘記哪些護理師正在處理哪些病例。當負責處理某個病例的護理師，由另一名護理師接手時，醫生和患者也很少被告知——部分原因是管理人員也忙昏頭了。

後來高階主管將所有人分成四個艙室，這在每個艙室內建立了互惠性相依，而四個艙室之間則是聚集性相依。每個艙室都有自己專門的位置，配有電腦、用品、床位和「應急室」來治療病人。每位患者在整個住院期間都被分配在同一個艙室。每個艙室有三名護理師、兩名住院醫生和一名主治醫生。當醫生或護理師來上班後，就會被分配到需要他們的艙室。梅麗莎和艾美對十六萬名患者就診的分析指出，新設計使患者的平均就診時間從八小時降到五小時，因為溝通和協作不再那麼複雜和令人困惑。

協作、資訊共享和透明度，通常被描述成只有好處。但是，當人們感到有義務——或有誘惑——過度插手他人的工作，或是徵召太多的合作者時，他們就會受到干擾和分心的困擾。

蘋果員工能免於此類困擾，因為他們「嚇到沉默」。㉛正如亞當·藍辛斯基在《蘋果內幕》一書中說的，員工知道洩露公司機密會讓他們當場被炒。蘋果公司這種對保密的偏好，使得負責做大部分工作的小團隊，只能獲得高階主管認為他們需要的少量資訊。幾年前，我們採訪了一位蘋果高層，他推測——但他當然無法肯定——執行長提姆．庫克可能是唯一了解下一代 iPhone 所有主要功能的人。在蘋果，與其他團隊分享訊息，或未經高階主管許可就向其他團隊尋求幫助，是非常禁忌的行為，即使是待了幾十年的老員工也告訴我們，他們只和團隊成員一起吃午餐。他們不可以和其他人說話！

蘋果這套體制並不適用於所有組織；很少有組織需要這種程度的保密。追捧透明和信任的人，可能會大加撻伐這種孤立和恐懼，其實我們也頗感不安。但蘋果公司的聚集性相依，讓員工工作時受到的干擾較少，不用覺得有必要去了解其他人的工作，或者總是在給予與尋求幫助。

單位越少，亂子越少

需要湊在一起的人員和單位越少，溝通和協作出問題的機會就越少。較簡單的體制也較少讓人超載，因此有更多精力來專注於工作，並在必要時進行協調。

最好是從一開始就避免增加太多的人員和單位。如果已經來不及了，那就請參考第 5 章，是該進行減法的時候了。羅伯．克羅斯等人從研究協作超載中學到的正是如此。他們發現，當員工與太多人相連並相互依賴時，就會受到「激增」和「緩慢減少」的雙重打擊。他們的工作總是草草了事，令同事失望。如果情況不變，他們遲早會在筋疲力盡和心灰意懶之下崩潰。32

在《超越協作超載》一書中，克羅斯提到一位快被炒魷魚的高階主管史考特。33 史考特在一家大公司「平步青雲」，直到他接掌三個大部門——共有大約五千人。史考特在過去的職務中只有幾個下屬；但這次增加了十六個。他想要「減輕層級制度」並「發出一個訊號：層級對我來說並不重要」。史考特對他的開放政策感到自豪，並敦促人們「把問題和擔憂告訴他，或讓他參與討論」。

克羅斯被找來救火時，他發現史考特已經「心力交瘁」，因為他為自己設計了一項不可能的任務。史考特每天工作十六小時，每週七天，焦慮時時折磨著他，婚姻也瀕臨破裂。部分問題在於——與急診室分艙室的設計相反——史考特將許多小團體合併為更大的團體。這種「去層級化」的努力，原本是為了提高「敏捷性」。結果反而加劇了這個五千人組織的超載，因為成員有更多的連結需要處理，這使得溝通變得更加重要卻困難，協調亂子隨之而來。

克羅斯檢視了公司前一萬名員工的網絡，發現史考特是「超載第一人」。每天都有超過一百一十八人，向史考特詢問他所管理的三個部門的資訊。克羅斯在一個部門了解到，「該部門一百五十名高層管理人員中，有七十八人（約一半）認為，除非史考特分給他們更多時間，否則他們無法實現業務目標」。

克羅斯協助史考特展開減法和授權運動，挽救了他的工作和聲譽。史考特將他的直屬下屬、會議和電子郵件減少了約一半。這個方法有效。他的下屬感覺更有權力（並且較少超載），因為他們可以做出更多決定，而無需不斷地與史考特核對和協調。由於史考特需要應付的人變少了——並且努力不去摻和每項決定，他的部門運作效率因此更高。史考特的工作時間減少，健康狀況得到改善，也挽救了他的婚姻。

史考特的故事告訴我們，在困擾許多組織的協調亂子問題中，嘗試幫助自己和其他人應對和繞過一個崩壞的體制，可能會讓人好過一些。然而，更有效且持久的補救措施，是重新設計你的工作和組織，進而建立更少、更好的連結。這就是為什麼，正如我們在第 1 章中所說與本章所論證的，最好的領導者會將他們的組織視為可塑性強的原型。他們利用自己的影響力不斷修改、更換和取消規則、結構和責任。讓體制呈現為目前能做到的最好，而且一天比一天更好。

第7章

一氧化碳術語

空洞廢話的缺點和（有限的）優點

我們第一次聽到「一氧化碳術語」一詞，是大約十五年前，波莉・拉巴爾來史丹佛大學，對我們班談她的暢銷書《發明未來的企業》。波莉用這個詞來形容太多領導者、顧問和專家使用的令人費解、毫無靈魂又毫無意義的語言，學生聽到後都大笑。在摩擦計畫中，我們一次又一次地想起這個又損又好笑的詞，因為許多組織都沾染了這種語言毒素，引發大量誤解和混亂，讓人工作起來昏昏沉沉。

我們不知道領導者所說的「讓我們利用核心能力，創造推動進展的協同效應」是什麼意思。如果要求他們解釋「這句話意思是要大家該如何採取行動」時，你就會知道，其實他們也不知道自己在說什麼。我們也不知道麥肯錫之類的顧問所說的「螺旋組織」（helix organization）、「小隊對小隊會議」（squad-to-squad meetings）或「適合目標的當責單位」（fit-for-purpose accountable cells）是什麼意思。❶當然，教授們也不能倖免於這種反清晰的罪行——有許多教授都以能用詰屈聱牙的語言難倒學生和同事而暗自得意。正如扎迦利亞・布朗等人在哥倫比亞大學的研究中問道：「為什麼學者要將他們的研究描述為『闡明非人類靈長類動物在水平陸地基質上直立跨步垂直兩足行走的前因』，而不是描述為『靈長類動物為什麼在地面上走』?」❷

本章會說明，一氧化碳術語如何讓人對該做什麼與如何做感到頭昏腦脹。我們分析了一氧化碳術語的主要類型，深入研究這種假模假樣又過於複雜的語言，如何使組織中的人員難以合作並相互負責。我們也探討了，如果獎勵那些說話總是一大套一大套的人，會如何削弱將知識轉化為組織行動所需的意願和技能。

一氧化碳術語的類型

我們很喜歡一氧化碳術語這個詞，因為它傳神地表達出空洞和不透明的語言，所導致的那種愚昧、厭世心態和困惑。但更精確的描述，會有助於設計有針對性的補救措施。因此【圖表7-1】我們將一氧化碳術語分為四大類，詳細介紹這些相似類型的細微差別，解釋為什麼它們會加劇破壞性摩擦，並說明如何避免和修復這些問題，同時建議在某些時候可以如何利用這類語言。

【圖表 7-1】一氧化術語的類型

類型	定義
彎彎繞繞的臭文	使用太多字、生僻字，以及不必要、彎彎繞繞的解釋。
毫無意義的廢話	空洞和誤導性的交流，對於說的人和聽的人來說都毫無意義。
圈內人的行話	專業、技術且定義明確的行話，能促進內部人員之間的溝通和歸屬感。但這會破壞與外部人員的溝通和協調，因為外部人員根本聽不懂這群人在講什麼。
術語大雜燴症候群	當一個標籤或短語對不同的人代表不一樣的意義時，它就變成了隨機分散的念頭。

摩擦修復師會使用三招來對抗這四種一氧化碳術語。**第一招，他們不再說了；他們放棄了這些劣質語言。**無論他們過去浪費了多少時間和金錢來學習和倡導一氧化碳術語，他們都會強迫自己和同事扔掉這些舊語言，從頭開始。

第二招，以第 5 章為基礎，與一氧化碳術語奮戰的摩擦修復師，會擁抱創投家麥可・迪林的建議，擔任起總編輯角色。他們持續不懈、固執，有時甚至到了煩人的地步，在修改那些讓團隊內外的人感到困惑、分心或無所適從的語言。

第三招，摩擦修復師建立的職場，獎勵那些使用有建設性語言的人，並打壓總說些空洞廢話的人。摩擦修復師不會落入我們在第 1 章討論過的巧言陷阱。他們用功績和金錢，獎勵那些以言論促發具體補救措施和修復的人，並忽視、懲罰和驅逐那些只會吹牛的人。

彎彎繞繞的臭文

彎彎繞繞的臭文是用太多字、生僻字，以及不必要、彎彎繞繞的解釋。因為這種一氧化碳術語非常冗長、難以理解（或者兩者兼具），所以可以激發人們對一個組織、一項目標的承諾，或者使困惑的同志們惺惺相惜。正如我們在第2章所說，辛勞會帶來愛。宜家效應迫使人們向自己和他人合理化自己的付出——因此在冗長與複雜的溝通中，那些努力去理解並採取行動的人，可能會對他們的勞動成果給予過高且非理性的重視。

對於那些產出大量費解語言的行政人員、顧問、遊說者和律師來說，他們也能獲得豐厚的回報——他們解釋、教導、訓練和指引那些需要理解這些令人困惑的語言來完成工作、申請福利或謀取利益的人，然後獲得報酬。如果有人違反了這些他們不懂的傳統、規則和法律，負責懲罰或保護這些人的專家也會得到獎勵。臭文越曲折，這些人就有越多工作可做——包括計時收費的顧問，以及和他們類似的專業人士。

我們在本書的開頭段落和第5章「加法病」中，都大力反對不必要的字詞。但如果你寫東西或說話總是洋洋灑灑、長篇大論，可能會被視為比遵守莎士比亞「簡潔是智慧之魂」建言的人更有創造力。在行銷研究人員蘿拉．柯尼許和莎拉亞．瓊斯的研究中，消費者評估了幾樣新產品的描述，包括蛋糕糖霜、智慧型手機應用程式和保險產品。❸ 消費者一致認為，描述較長的產品比描述較短的產品更具創意，即使較長的描述並沒有提供額外的有意義資訊。

蘿拉和莎拉亞得出的結論是，長度會引發兩種即時判斷，有助於解釋消費者的想法。首先，人們認為包含更多元件的想法更有用，因為它們使我們能做更多的事情——即使較長的解釋未包含更多元件，他們也會認為更多的字代表更多的功能！其次，描述越長，消化所需的工作量就越多。因為新的想法需要我們放慢速度去理解，而熟悉的想法則不需要，所以我們會認為這些長句子（以及產出者）更具創造力。

然而，彎彎繞繞臭文的優點，很少能抵消其損害——特別是如果你的目標是讓人完成某件事，而不是用一波波的語言和複雜的想法攻勢來使他們感到困惑，甚至頭昏眼花。這種語言迫使人們浪費大量時間，用來破解文件、網站、演講或口頭指示。而且你很難向他人解釋清楚你在做什麼、他們應該做什麼，並協調他們和你的工作。

合弄制貼切說明了彎彎繞繞臭文的危害。合弄制是一個由規則、角色和相互交織的群體（稱為「圈」）組成的複雜系統，在制度中取消了正式的管理職位。這種治理體系的原意是要創造出流動的結構，而「合弄制的黃金法則」是「只要沒有任何規則反對，你就擁有做出任何決定或採取任何行動的充分權力」。❹

合弄制最為人所知的是由 Zappos 在二〇一四年實施，這家線上鞋業公司由已故的謝家華（於二〇二〇年在火災中喪生）創立並領導。

根據 Holacracy.org 網站報告，截至二〇二三年初，在三十五國有兩百二十七個組織「實行合弄制」。[5] 大多數組織的規模都很小；其中有一百六十八個組織的員工人數在五十人以下。只有十二家擁有超過五百名員工（Zappos 也在列，不過似乎已經停止實踐）。

在反覆嘗試對合弄制寫出準確的簡短摘要後，我們意識到問題不光是自己的才能有限——還在於那些彎彎繞繞的臭文。我們花了一百個小時，試圖理解它的基本原則，但仍然感到困惑，而且我們並不孤單。合弄制的宣揚者迪德里克・詹斯是一名幫助企業採用合弄制的顧問，他表示人們「不是愛上它，就是厭惡它」，並承認批評它「僵化、複雜和不人道」的說法有一定道理。[6] 迪德里克解釋說，運行這個根據規則的系統的關鍵是，理解並遵守詳細的合弄制憲法。這是因為「採用合弄制的組織都要『批准』（簽署）同一套規則，無論組織規模、行業、文化、目的為何」。

可惜，在嘗試理解二〇一五年合弄制憲法 2.1 版中的七千多個單字，以及二〇二二年更新的 5.0 版中的八千多個單字之後，我們還是不知道對合弄制究竟是喜愛還是厭惡，或介於兩者之間。這兩個版本都寫得很糟糕，讓人很難理解這個系統究竟如何運作。我們迷失在複雜的規則、角色和專業術語中。舉例來說，附件A：「儘管有上述規定，按本二之二節規定，一人依該圈之超級圈或子圈之任命或選舉而擔任該圈之圈成員者，不得被除名，除非透過該圈之超級圈或子圈內之正當程序或正當權力，視情況而定。」❼

用喬治·歐威爾的話來說，這個句子和這部憲法中的其他許多句子「麻醉了一部分大腦」。❽

對於加州一家小型軟體公司 Convert 來說，花時間理解並遵守這本拜占庭式的規則手冊，似乎是值得的。Convert 的共同創辦人於二〇一六年決定採行合弄制，並聘請摩根·萊格（Morgan Legge）擔任他們的「合弄制導入師」，幫助四十名全體員工翻譯和實施這一套複雜難解的做法。❾他們這麼做，正是遵循了合弄制憲法序言中的建議：「我們不建議將閱讀憲法做為學習合弄制實踐的一種方式。合弄制教練經常使用的比喻是，這就像試圖透過閱讀國際足球總會比賽規則手冊來學習踢足球。」

然而，這套系統的複雜性和憲法施加的負擔，還是迫使經過大量指導的公司放棄了合弄制，例如：Buffer 和 Medium。正如 Medium 的主管安迪·多伊爾在二〇一六年所寫的，「對我們來說，合弄制阻礙了工作」，因為「記錄保存和治理」花費了太多時間，而且「我們發現，明確詳細地規定責任的行為，阻礙了積極主動的態度和共

有意識」。⓾

Zappos 也因這套憲法過於複雜而陷入困境。Zappos 合弄制團隊的前培訓師喬丹・薩姆斯（Jordan Sams）告訴《商業內幕》，該公司因為「合弄制憲法的細微差別和複雜性」而感到綁手綁腳，結果到了二〇一七年，他們轉而採用「簡明版合弄制，這套系統保留原有價值觀和指導原則，而不依賴其嚴格的憲法和治理結構」。⓫

二〇二二年，我們與非常了解 Zappos 的內部人士（他們希望匿名）談論了該公司合弄制的歷史。他們表示，許多員工喜歡這種能以自己認為合適的方式工作的自由、影響決策的能力，以及在這種新組織形式下不會有固定的管理者層級。然而，即使在二〇一五年和二〇一六年合弄制實施的高峰期，指導運動的內部人士和顧問也沒有一字不漏地遵循該系統。對於 Zappos 溫暖的文化來說，有些規則過於嚴苛——包括像合弄制共同開發人布萊恩・羅伯森所建議的，無情地鎮壓「不合乎程序的行為」，例如：叫未按次序發言的人閉嘴。⓬ 一位 Zappos 內部人士補充說，即使在其鼎盛時期，有太多員工也只是口頭上附議合弄制原則——因為謝家華和其他領導人希望他們使用該系統。事實上，他們的行為仍然跟在傳統的管理者領導體系下沒兩樣。他們的態度「有點像：對對，我們正在玩合弄制。好有趣，真好玩。但說真的，我們還有很多事情要做」。

這名知情人士表示，到了二〇二二年該系統的一些元素「仍然深植在組織結構中」，但「我個人覺得，我們不算是以合弄制的方式運作了」。他說，Zappos 的新進員工在入職培訓時再也不必學習合弄制，或是公司的那段歷史。因此，如果像他這樣的老員工提到憲法，或者公司某些地方仍在使用的「圈」和「角色」等元素，許多新員工就會一臉納悶地問：「你在說什麼啊？」

透過對合弄制的調查，我們發現摩擦修復師會運用三招，對抗這種彎彎繞繞的臭文。第一招，正如 Buffer、Medium 和 Zappos 所做的，他們放棄按照這種愚蠢的憲法過日子。第二招，就像 Convert 所做的，他們仰賴能翻譯複雜規則的專家——且迎合公司的商業模式和文化。這樣就不必逼著每個組織成員都成為合弄制的專家。

第三招，他們承擔總編輯的角色並改善語言。羅伯森本人早已對憲法做出大量刪改。他的顧問公司 HolacracyOne 率先對治理模式進行了十三項微調，並努力使憲法更簡單、更清晰、更易於應用。例如：法律術語「於此」在 2.1 版中出現了十幾次，但在 5.0 版本中一次也沒有。⓭

只可惜，更新後的版本在我們聽來仍然是「巴拉、巴拉、巴拉」。比如這段金句：「若經另一圈或其任一超級圈之政策邀請，則一角色可連結至另一圈。」

毫無意義的廢話

按照倫敦城市大學商學院教授安德烈・史派瑟的說法，哲學家哈里・法蘭克福在二〇〇五年的暢銷書《放屁！名利雙收的詭話》⓮，啟發了「不斷發展的『廢話學』領域」⓯。史派瑟在他的《商業廢話》一書中，將此類言論定義為「空洞和誤導性的溝通」，通常是「為了說的人的目的而為之」。⓰哥本哈根商學院教授拉爾斯・克里斯頓森等人在二〇一九年的分析文章〈廢話與組織研究〉中補充說，這類廢話對於說的人和聽的人來說都毫無意義。⓱像合弄制憲法這樣彎彎繞繞的臭文雖然很難理解，但它並不空洞，也不是毫無意義。

加拿大心理學家戈登・彭尼科克的團隊在對廢話的接受性研究中，剖析了看似高深實則空洞的語言，這些就非常符合史派瑟的定義。⓲彭尼科克發現，新時代大師迪帕克・喬布拉的推文，為他們的實驗提供了「偽深奧廢話」的寶庫，包括「注意力和意圖是顯化的機制」和「想像力存在於指數時空事件中」。這些空話似乎符合迪帕克・喬布拉的利益，因為它吸引了超過三百萬推特粉絲——不過，戈登的研究發現，相信這種廢話意義深遠（而不是毫無意義）的人，認知能力較低，較可能相信虛假的陰謀論。

億滋國際公司旗下產品包括奧利奧餅乾和麗滋餅乾等零食，億滋在花了大價錢請奧美廣告公司幫他們發明出「人化」（humaning）一詞，並推出相關廣告宣傳後，就開始大量吐出毫無意義的語言。億滋是這樣解釋「人化」的：「我們不再**向**消費者行銷，而是**與**人建立連結。」⓳我們不懂這是什麼意思，也懷疑他們是否真懂。空洞程度不相上下的語詞還有「品牌熱度」（brand heat）、「創意倉鼠」（idea hamsters）、「超談」（hypertelling）等數百個無意義但耳熟的詞，你會從顧問公司聽到這些詞，也可以使用線上工具自動生成，例如：企業廢話生成器（Corporate B.S. Generator）或官腔生成器（Gobbledygook Generator）。我們最喜歡的一些成果包括「有機協同作用」「思想淋浴」和「主要授粉媒介」。

包括史派瑟和克里斯頓森在內的廢話研究學者指出，這種廢話通常是意料之中的，也是無害的，而且可能會產生一些有建設性的後果。有些人胡說八道只是為了賺錢。就像「廢話商人」，他們出售「預先包裝好的概念，並試圖向他人推銷」。還有那些用廢話來娛樂大眾的人，「為了說蠢話而說」。

廢話也能提供人身保護。史派瑟提到一項針對一家大公司中階管理人員的研究，在該研究中，對彼此、高階主管和客戶胡扯的藝術，被認為是讓不舒服和太誠實的訊息變得沒那麼難聽和有趣的關鍵。表達和回應廢話是所有中階管理者都在玩的把戲。

正如史派瑟所說，高明的玩家會以恰到好處的正經態度來回應：「如果你太認真地對待廢話，就有可能被當成傻瓜。同樣的，如果你太頻繁地挑明廢話，就有可能被視為討厭鬼。」⑳

然而，胡說八道的問題在於，它會造成太多的混亂，並讓說的人和聽的人浪費精力。高階主管和發言人的滿嘴空話，並沒有為人們應該如何做事和合作提供有用的指導。當人們發現其他人在胡言亂語時，需要付出很大的努力來面對那些胡言亂語的人，才能讓對方知道自己的話有多麼空洞無力，進而阻止他們，並說服被他們弄得昏昏沉沉的人忽略這些一氧化碳術語。這就是所謂的「布蘭多利尼定律」，或是廢話不對稱原理：「反駁廢話所需的能量，比產生廢話所需的能量大很多倍。」㉑ 義大利程式設計師亞伯托・布蘭多利尼（Alberto Brandolini），在觀看義大利前總理、已故的西爾維奧・貝魯斯柯尼接受電視採訪後提出了這項定律。

我們聽過一個小公司專案經理的故事，也充分證明了布蘭多利尼定律。這名專案經理的新上司曾在大公司工作多年，但從未在小公司工作過。這位上司總是滔滔不絕地談論商業話題。他的電子郵件和簡報裡，充滿了**壓力測試**、**協同作用**和**關鍵任務**等詞語。這個專案經理是用語精確的人，因此很困惑這些術語的意思到底是要她和同事**做什麼**。每當她不明白上司的意思時，都會請他暫停一下，先解釋某個單字或短語——以及它們代表要採取什麼行動。在半數情況下，她的上司都答不出來——或用更多廢話來回答，然後這名專案經理就會再次請他解釋。

無意義的廢話也會招致厭世心態和蔑視，就像《紐約時報》嘲笑億滋的「人化」。思科執行長約翰・錢伯斯也有類似待遇，《金融時報》專欄作家露西・凱勒薇稱錢伯斯為二〇一二年「冠軍混淆長」。錢伯斯在給員工的信件中寫道：「我們將喚醒世界，讓地球離未來更近一些。」露西認為這是「傲慢交雜著俗氣的話」，在「胡言亂語、陳詞濫調、委婉說法和愚言蠢語的盛產年」中脫穎而出。㉒

圈內人的行話

圈內人使用專業且定義明確的術語，可以促進溝通、快速行動和歸屬感。社會學家羅納德・伯特和雷・里根斯發現，虛擬團隊的成員在必須進行多輪溝通，並在時間壓力下完成工作時，會開發出圈內人的行話——也就是創造一種「尋找速記用語（即行話）的共同動機，使他們能更快速地交換準確的資訊。」㉓同樣的，外科醫生使用的首字母縮寫詞、縮語和其他技術術語，對於外行人來說毫無意義，但在圈內人之間可以觸發即時協調的行動。如果有位醫生說「Stat, MI」，其他醫護人員會立刻明白這六個字母指的是：患者心臟病（或心肌梗塞），需要緊急治療。

但是，圈內人語言有許多缺點。沒經過耳濡目染的人，就無法理解這群人在談論什麼，因此造成溝通協調上的問題。紐約消防局找承包商修復布魯克林緊急調度中心的資料故障時，就遇上了這種情況。根據《紐約郵報》報導：「維修人員將一個標示著EPO（代表『緊急斷電』）、以玻璃覆蓋的按鈕，誤認為電子門釋放按鈕，因此他打開了玻璃蓋，意外關閉了系統。」結果，調度員與消防員、警察和緊急醫療技術人員車輛上的行動終端間的無線電通訊，當機幾個小時。調度員必須使用「紙筆和電話，而不是數位系統——在有人打進九一一時蒐集事實，並向一線人員傳達訊息」。

這起混亂並未造成人員傷亡，但由於系統失靈，救護車和消防車的出動速度比平常慢得多。就像皇后區的消防員「對一名病人進行了一個小時的心肺復甦術，才等到救護車來」。不明白EPO含意的維修人員所屬的Lightpath公司，已向市政府保證，這名維修人員「不會再經手紐約消防局的業務」。[24]

圈內人的行話也可能導致與外人破壞性的衝突。經濟學家羅伯托·韋伯和柯林·坎麥爾發現，隨著時間過去，兩人一組的學生合作越久工作效率就越高，因為他們會發展出一套速記術語，加快彼此的溝通，促成快速決策。[25]這如同伯特和里根斯的發現。但如果增加了第三位成員，由於新人不懂這些速記術語，工作進展就會變慢。擴大後的團隊中氣氛緊張、敵意升高，新人和老成員互相指責對方拖累進度。

記者吉蓮．邰蒂記錄了圈內人的行話如何在大型投資銀行中造成破壞性氛圍，進而助長了二〇〇七年的全球金融危機。[26] 吉蓮在二〇〇五年和二〇〇六年，花了很多時間與一些「呆頭呆腦、乏味無趣」的人交談，他們開發了高風險的不動產抵押貸款證券（這些證券後來被公認是二〇〇七年金融危機的罪魁禍首）。這些專家在各自為政的部門工作，為銀行創造了大量收入，並獲得豐厚的獎金。他們自認是革命者，不屑其他部門的同事，認為他們是厭惡風險的懦夫，無法理解或欣賞他們的出色工作。按吉蓮的說法，他們的「複雜信貸世界充斥著行話，瀰漫著先進的數學技術」。這些部門的成員很愛他們的專門語言和工作，因為這讓他們覺得自己很聰明、屬於一個圈子，讓其他部門或上級幾乎不可能理解他們在做什麼。

吉蓮補充道，因為「講的是別人聽不懂的行話」，所以他們在與其他部門的政治鬥爭中占了上風。她解釋說，「銀行的各個單位原本應該協調運作」，結果不同的部門反而「像交戰的部落一樣」「與其他部門爭奪資源」，而這種「突兀隔離」的部門，也沒有動機與其他部門共享資訊、資源和權力。

吉蓮發現，「複雜債權」這項新興技術領域的專家沒有被問責，部分原因是他們的領導、其他部門的同事與媒體成員，不理解債務擔保證券（CDO）或結構性投資工具（SIV）等術語——而且未能理解其中的巨大風險。她還補充了一個有趣的轉折：其他各自為政部門的同事懶得去認識這些專家，或是了解他們的投資，因為他們看起來就像只會做無聊事的無聊人。

結果，即使是「理論上應該監視冒險行為」的高層，也不明白這些高手在做些什麼，就讓他們為所欲為。被稱為「超高級CDO」（super-senior CDOs）的金融工具，讓瑞銀蒙受巨額損失。然而，在二〇〇七年之前，瑞銀董事會成員彼得·庫勒（Peter Kurer）表示：「坦白說，我們之中的大多數人甚至沒有聽說過『超高級』這個詞……我們的風險人員只告訴我們，這些工具是AAA等級的，就像國債一樣。大家都沒有多問。」

防範圈內人的行話造成的傷害，我們建議採取三種方法。**第一種是借重通才的力量**，正如大衛·愛波斯坦在他的《跨能致勝》一書中所指出的，在一個擁有如此多專家的世界中，通才扮演著非常重要的作用。[27] 你需要尋找和培養通才，這些通才顯然與瑞銀的彼得·庫勒等人不同，他們對關鍵專家的行話和工作有足夠的了解，能夠辨明優點和風險，並且知道如何將他們各自的貢獻結合在一起。

通用汽車公司執行長瑪麗·芭拉，就是一位堪稱典範的通才。[28] 瑪麗之所以能卓越地領導通用汽車這家龐大又富有挑戰性的公司，原因之一就是她了解許多不同領域和專業領域中使用的行話和方法。她在通用汽車擔任過的領導職務，包括底特律／哈姆特拉姆克組裝廠負責人、全球製造工程副總裁、全球產品開發執行副總裁，以及在接任執行長之前擔任全球人力資源長。瑪麗能掌握各種圈內人的行話，不僅是因為她的閱歷豐富，更是因為她喜好傾聽和提問，因此能不斷學習更多專業術語和方法。一位與瑪麗共事多年的前通用汽車高階主管告訴我們，她在開會時「總是先傾聽大家的意見並試圖理解，然後才聲明自己的立場」，並經常把「沒有發言的人」拉進來。

第二個解決方案是讓人們放慢速度，為其他團體翻譯他們的圈內人行話——並在可能的情況下採用共同語言。就像那位小公司的專案經理，她不斷地要求新上司定義他那些商業流行語，結果發現，雖然大多數都是廢話，但這些術語也有不少是有用的。可是需要經過翻譯，才能讓公司人員理解並採取行動。因此，在與新上司和同事討論了數十個單字和短語的含意後，她創建了一份「術語詞典」。該公司的執行長告訴我們，這份詞典讓每個人能更有效地合作，並減少了令人惱火的爭論。這份詞典有三千多字，充滿了關鍵術語的定義，包括**健康指標**、**策略目標**和**永續性**。這樣十個部門的兩百名員工對這些術語的理解就可以統一。

第三種解決方案是將圈內人的行話翻譯成淺白的語言，避免混淆或讓需要理解它的外人一頭霧水。布魯克林緊急調度中心那位維修人員意外按下的關閉開關上，只標記著EPO——沒有任何解釋它指的是「緊急斷電」。直接寫出「緊急斷電」，並添加一個警告標誌來解釋開關的作用，就能使他或其他任何人更難在無意中關閉系統。

將圈內人的行話翻譯成淺白的語言，還可以增進專家和非專家之間的溝通——對紐西蘭六十名慢性病患者進行的一項實驗結果就顯示這一點。㉙所有患者都先收到醫生寄來的充滿行話的信函，信中描述他們的病情並建議治療方案。兩週後研究人員隨機選取三十名患者，寄出一封「翻譯信」——以淺白的語言取代第一封信中的行話，例如：「外周性水腫」翻譯成「腳踝腫脹」；「心搏過速」翻譯成「心跳快」；「特發性」翻譯成「原因不明」。患者對這些翻譯表示讚賞：七八％的人更喜歡這封信，而不是充滿行話的那一封；六九％的人說這對他們與醫生的關係有正面影響；八〇％的人說這提高了他們「控管慢性病的能力」。研究人員請患者圈出信件中他們不理解的術語。只收到未翻譯信件的患者平均圈出八個術語；那些收到翻譯信件的患者平均圈出兩個術語。

術語大雜燴症候群

如果一個組織裡用了太多不同的標籤和短語，破壞性的摩擦就會大量出現，因為這些標籤和短語對不同的人來說各有不同意義，導致大家無法區分訊號和雜訊。正如諾貝爾獎得主丹尼爾．康納曼在與他人合著的《雜訊》一書中指出的，當一個系統陷入「隨機分散的想法」（他們對雜訊的定義）時，決策和協調就會出問題，功能失調的衝突可能會大量出現，因為眾人對於要做什麼、如何做，以及什麼是好工作、什麼是壞工作，看法不一致。30

這就是「**敏捷**」這個詞遇上的狀況。我們是敏捷軟體運動的忠實粉絲。二〇〇一年，十七位軟體開發人員在猶他州斯諾伯德舉行會議，並發布了「敏捷軟體開發宣言」。31 宣言中的四個主要價值，提醒我們最好的摩擦修復師如何思考和行動：

一、**個人與互動** 重於 流程與工具。
二、**可用的軟體** 重於 詳盡的文件。
三、**與客戶合作** 重於 合約協商。
四、**回應變化** 重於 遵循計畫。

敏捷軟體團隊以逐漸增量的方式遞交成果，而不是一次「大爆炸」發布。他們不遵循嚴格的計畫，而是不斷評估結果和限制，並更新軟體及其工作方式。

許多公司都採用這種迭代方法，幫助團隊開發建立良好的軟體與快速完成，包括Adobe、Google和Salesforce等，我們則研究這些公司，並與他們合作。然而，儘管我們多年來始終醉心於敏捷軟體運動，但在摩擦專案中會避免使用**敏捷**這個詞。這是因為有太多創意商人吐出太多行話，打著**敏捷**的旗幟，兜售令人眼花繚亂的工具、書籍和演講，並將其吹捧為能治職場百病，最後讓人根本無法理解和理清這團亂麻。

康納曼應該會說，**敏捷**的定義和方法出現太多版本，已經演變成一種嘈雜的「隨機分散的想法」。

澳洲敏捷教練克雷格·史密斯在其廣受好評的演講「四十分鐘內的四十種敏捷方法」中，並未刻意記錄此類雜訊，但我們就是學到了。克雷格的一百零五張投影片裡，描述了SCRUM、Scrum plop、TDD/ATD/BDD/SBE、Holacracy、Rightshifting、Squadification、Beyond Budgeting、Programmer Anarchy和另外三十二種方法。[32] 克雷格在無意中證明，**敏捷**這個詞對不同的人代表著不同意義，導致現在它已經毫無意義了。這些雜訊只會擾亂溝通、決策和協調。行話、解決方案和技巧的差異，讓使用不同方法的人很難合作或判斷彼此的表現。在某些地方，它引發了關於「敏捷的真正意義」和「如何真正實現敏捷」的無休止爭論。

在我們的組織中，不會有一個強大的術語警察部隊，能強制執行敏捷一詞狹隘與精確的定義。唉，當一個術語已經演變為隨機分散的想法，也已經來不及制定一套統一的「術語詞典」來讓每個人達成共識的時候，通常最好就是停止說或寫這個術語。所以我們才停止使用**敏捷**一詞。

有力話語

摩擦修復師會停止空洞、令人窒息、難以理解和嘈雜的廢話，改用有力語言來激勵他人讓正確的事情變得更容易，讓錯誤的事情變得更困難，並消除對應該做什麼事的疑慮。行為科學家已經進行了數百項關於有力和無力語言之間差異的研究。我們格外喜愛賓州大學的約拿・博格和史丹佛大學同事珍妮佛・艾克主導的研究。我們主要借鑑他們的成果，在此提出五個談話技巧，能激發人們行動、堅持，並產生創意解決方案。

正如【圖表7-2】所示，這些特徵包括使用**具體的語言**，而不是模糊的單字詞㉝；用**現在式**，而不是過去式說話㉞；使用表明**自己選擇參與修復摩擦**，而不是被迫這樣

【圖表 7-2】有力話語

要說	別說	理由
「我們已將所有三十分鐘的會議縮短為二十五分鐘，並將六十分鐘的會議縮短為五十分鐘。」	「我們已經將會議縮短。」	**具體的語言**比模糊的語言更具說服力，因為它展示了對細節的了解，並對該做什麼提供了更具體的指導。
「減法遊戲很棒。」（現在式）	「之前那個減法遊戲很棒。」（過去式）	**現在式**比過去式更有說服力，因為這表示人們對現在該做什麼與如何應對當前挑戰，更有信心，也更確定。
「我不想浪費你的時間。」	「我不可以浪費你的時間。」	使用能表達**你選擇這樣做**的措辭，強調這樣做，是因為你有能力這麼做，而且相信這是對的事。用語避免暗示你的行為是違反本意，受迫於自己無法改變的規則、法律、社會規範，或是有權勢的人。
「你們的員工冷漠無情，害我媽哭了〔☹〕」	「你們的員工令人不快，傷害了我媽的感情。」	使用**感官性的比喻**和字詞，也就是與觸摸、氣味、疼痛、聽覺、微笑和眼淚等體感經驗相關的字詞，這樣表達的概念更容易記住、更有說服力，也更具感染力。
「我們已經完成了這趟旅程，但我們的摩擦修復工作將會繼續。」	「我們已經到達目的地，還做了一些很棒的摩擦修復工作。」	將**成就視為一段過程**的人，更有可能去思索他們所走過的道路，從中學習，並在達到里程碑後堅持下去。聚焦於目的地的人，傾向於視為「任務完成」，然後無事一身輕。

做的措辭[35]；使用與身體經驗相關的**感官性的比喻**[36]，並**將摩擦修復視為一段過程**，而不是一個目的地[37]。

帶領製鋁大廠美國鋁業公司（Alcoa）轉虧為盈的保羅．歐尼爾（Paul O'Neill），就是一位有力語言的大師。在歐尼爾領導美國鋁業公司的期間，也就是一九八七年至二〇〇〇年，公司價值成長了九〇〇％以上，也就是從三十億美元增加到二百七十五億美元。當歐尼爾接任時，他並沒有談太多效率、生產力、利潤或股價。他只專注於改善一個狹隘又**具體的指標**：員工安全。美國鋁業公司原本的產業安全狀況就優於平均：每年每百名工人中約有兩人受傷（全美平均每一百名工人中約有五人）。他宣布自己的目標是零傷害，「這裡不應該有人受傷」。

我們在閱讀和聆聽歐尼爾的話時注意到，無論他是在談論美國鋁業公司的工人安全，還是醫院的病人安全時，都沒有用過去時態。相反的，他將安全視為人們**現在和未來都應該追求**的「無可爭議的目標」。[38]歐尼爾接任美國鋁業公司執行長後不久，會見了困惑的華爾街股票分析師，他說：「我想和你們談論的第一件事就是安全。」當這些投資者和商業記者問到包括獲利率在內的傳統財務問題時，歐尼爾回答：「我想你可能沒聽清楚我說了什麼。如果想了解美國鋁業公司的表現，你需要查看我們的工作場所安全數據。」

歐尼爾一次又一次地對不同群體表示，這種對安全的關注會激勵員工**選擇將更多「可自由支配的精力」投入到工作中**，「你其實不必去要求，只需要讓他們自由」。他認為，創造一個無人受傷的工作場所，是給人尊嚴、尊重待人的「頭期款」——這樣的環境會讓人產生自豪感，「這種自豪感會膨脹到你所做的每一件事」。

歐尼爾經常使用「膨脹」之類的**感官性的比喻**，尤其是在談到美國鋁業工廠工人面臨的安全挑戰時，其中包括「哐哐作響的高架起重機」「一千度的金屬在工廠內流動」「室溫五十四度，和幾乎百分之一百的濕度」「使人熱衰竭」。最後，當歐尼爾談到在他的領導下，美國鋁業公司的安全性提升，從每年每百名工人約兩人受傷降到每千名工人一人受傷時，他並沒有將其視為已完成的使命或公司抵達的目的地。他將安全描述為一個**持續的過程**，是公司每個人每天都要踏上的道路。

除了有力話語外，歐尼爾在美國鋁業公司還做了很多事。他和其他公司領導者解雇了那些沒有將流程改善知識轉化為行動，或者更糟的，掩蓋安全問題的經理。正如商業作家大衛．博柯斯所說，集中火力於安全的高明之處在於「如果不了解流程中的每一步——了解每一個風險——然後消除它，就無法提高安全性」。㊴ 結果便是數百項流程改善「使工廠運作更加高效」，歐尼爾「逐漸改變了系統和文化」，使得「高階主管們也開始更快地分享其他數據和想法」。

歐尼爾的領導之所以卓有成效，不僅是因為他用有力的語言激勵員工，讓他們把注意力集中在美國鋁業公司生產流程的細節上。歐尼爾**沒有說的話**，對摩擦修復師也提供了同樣重要的一課：我們回顧了歐尼爾無數的演講、訪談和書面陳述，但在他的話語中連一絲一氧化碳術語的氣息都找不到。舉例來說，當一名工人在亞利桑那州的美國鋁業公司的工廠，死於一場本可避免的事故時，他當天就飛到該工廠，告訴工廠的主管們：「我們害死了這個人。」並補充道：「這是我領導失敗，我導致了他的死亡。這也是你們指揮鏈中所有人的失敗。」他沒有用任何彎彎繞繞的臭文、廢話、圈內人的行話或「隨機分散」的術語來混淆這一訊息。

第 8 章

躁進與狂亂

何時與如何應用好的摩擦

正如我們在「摩擦計畫」中不斷看到的，一個重要且惱人的領導挑戰，就是看清你和同事何時進展緩慢，使事情變得太困難，並因「分析癱瘓」而陷入困境。另一方面，你們何時又過於匆促忙碌，並迫使周圍的人再加快腳步——即使這導致成果草率、冒進或違反法律規則。本章會深入探討，如何與何時應用有建設性的摩擦，使團隊和組織能在對的時候放慢速度。進而讓人們能把眼前的工作做好，之後才能走得更快、更遠，並保持健康和理智。

在錯誤的時間速度太快會致命。二〇二〇年，美國公路交通安全管理局的一項研究發現，所有交通事故死亡人數中有二九％的肇因是超速。❶

對組織來說，大踩油門也很危險。倫敦商學院的達娜．肯茲等人，將那些被領導者敦促衝鋒陷陣、聚焦於「推進的目標」（locomotion goal）的管理者，與那些被敦促放慢速度並評估自己行動、聚焦於「評估的目標」（assessment goal）的經理人進行了比較。❷他們的一項研究追蹤了五百五十九家美國加盟企業（例如：7-ELEVEN、麥當勞、萬豪和 ACE 五金等銷售、授權和監督在其旗下營運事業體的企業）在十年間違反美國公平就業機會委員會（EEOC）的情況。達娜等人將這些企業分為兩類，如果企業的使命宣言中充滿了**行動**、**快速**、**緊急**、**火速**、**迫不及待**和**發動**等語詞，就歸類為聚焦於推進的公司。如果企業的使命宣言裡充滿了**謹慎**、**考慮**、**正確**、**評估**、**思考**和**周詳**等語詞，就歸類為聚焦於評估的公司。

在這五百五十九家特許加盟企業中，一百四十八家因年齡、性別、種族歧視和性騷擾等違規行為而被罰款的企業，在其使命宣言中使用的推進語言遠多於其他四百一十一家沒有被罰款的企業。達娜的團隊還發現，在對照實驗中，「去做就對了」的行話（與「做正確的事」的語言相比）會導致更多的非法歧視。他們「隨機分配七百一十七名美國網友扮演一家特許經營店的經理，其使命宣言不是推進用語高，就是評估用語高。」當參與者「閱讀一份強調緊急行動而不是深思熟慮的使命聲明」時，他們採取不道德行為的可能性就會增加四倍，其中包括對六十一歲求職者的年齡歧視。

人力資源軟體公司 Zenefits 的故事正好說明這種「躁進狂」的症狀和危險。這個故事的寓意是：當領導者開始想走卑鄙非法的捷徑時，就表示該踩剎車了。但他們的「急躁病」已經積重難返，壓根兒沒有想到放慢速度，直到追悔莫及。Zenefits 是由帕克・康拉德（Parker Conrad）於二〇一三年創立，該公司銷售的線上軟體可自動處理醫療保險和薪資等人力資源事務。《紐約時報》的報導說：「康拉德試圖將公司內人力資源部門的繁重事務，化為一鍵完成的無紙化操作，就像我們早已習慣的其他應用程式、隨選軟體一樣。」❸

Zenefits 員工為了減少數千家小型企業的摩擦，馬不停蹄地打造和銷售軟體，充分實踐著錯誤的公司座右銘「預備、開火、瞄準」。諷刺的是，他們走的捷徑為自己和客戶帶來了挫折和低效率。他們對快速行動的追求高於一切，這讓 Zenefits 陷入了法律糾紛，反而拖慢了公司的發展速度，損害了聲譽，壓低了成長和業績。

以 Andreessen Horowitz 的拉爾斯・德爾加德（Lars Dalgaard）為首的創投家，向 Zenefits 挹注入了五・八億美元以上。二〇一五年，Zenefits 公司市值為四十五億美元。二〇一四年時，帕克說，他最初的計畫是雇用二十名銷售代表，並在二〇一四年實現營收一千萬美元。按帕克的說法，拉爾斯的反應是「你太他媽的沒志氣了吧？」拉爾斯要求帕克雇用一百名銷售代表，並把目標設在兩千萬美元，他還說：「別夾著尾巴做事，格局放大就對了。」❹結果是，帕克說他感到「持續不斷的壓力，要求他再快、再快、再快」。

Zenefits 在二〇一四年實現了拉爾斯定下的兩千萬美元激進銷售目標。但借助的是不道德的手段，就像達娜．肯茲的研究中那些「去做就對了」的企業——顯然，其中包括帕克本人採取的不正當捷徑。舉例來說，美國每個州都要求通過執照考試，才能銷售保險或為客戶提供建議。在加州，保險經紀人必須參加至少五十二個小時的強制性線上培訓課程。根據《彭博社》報導：「康拉德創建了一個 Google Chrome 瀏覽器擴充功能，讓使用者看似在學習課程，但實際上並沒有，藉此規避五十二小時的規定。」Zenefits 因類似的違規行為，被加州保險部罰款七百萬美元。

也因為只顧埋頭往前衝刺，Zenefits 並沒有放慢速度來建立可以輕鬆快速、準確傳輸客戶數據的自動化系統，結果導致使用 Zenefits 蹩腳軟體的員工，常常必須手動將客戶紀錄中的資料重新輸入到 Excel 裡。由於系統尚未完成就急著推出，而且公司還沒準備好提供妥善服務，就簽下了數百個客戶，結果造成缺乏經驗且超負荷的後台員工在輸入客戶資訊時不斷犯錯。一位顧客抱怨說：「Zenefits 員工在輸入工資扣除資訊時出現錯誤，導致發放了一連串錯誤的工資單。」另一位客戶發現，在提交員工資料後，「紀錄中出現的姓名是錯的，日期也錯了。我不知道問題出在哪裡，但最大的問題是沒有品管」。❺ 不滿意的客戶紛紛棄用 Zenefits 的產品，產品有瑕疵和服務糟糕的媒體報導，也嚇跑了新客戶。

到了二〇一六年，Zenefits 沒能實現營收翻倍的目標，六〇%的員工遭解雇，帕克被迫辭職。新任執行長大衛・薩克斯（David Sacks）將 Zenefits 的座右銘從「預備、開火、瞄準」改為「誠信經營」。可惜這項改革和其他變革來得太遲了。Zenefits 的獨立營運只維持到二〇二一年，之後就被私募股權公司 Francisco Partners 收購。[6] 該公司沒有透露收購價格，但根據《富比士》報導：「包括 Andreessen Horowitz 和 Founders Fund 在內的創投公司，已經將他們對該公司的投資標記為零。」二〇二二年，Francisco Partners 將 Zenefits 出售給 TriNet，TriNet 宣布將該公司改名為 TriNet Zenefits。

速度過快：對個人的後果

高效、無摩擦的體驗，以及讓正確的事情變得更容易，是良好職場的標誌。但 Zenefits 的故事告訴我們，過度追求推進的危險，它只會導致工作馬虎、錯誤百出，反而讓日後更難走得更快。數百項研究指出，感到忙碌和超負荷，以及只想做得快而不是做得好，會帶來不好的影響。

以下是速度過快引發人們最糟的一面，進而損害組織的五種方式。

① 倦怠

倦怠的員工會感到疲倦、消沉、沮喪、絕望、厭世和麻木——他們的績效和生產力也會受到影響。二〇一八年蓋洛普對七千五百名員工進行的一項調查發現，六七％的人時常出現倦怠現象；二三％的人經常或總是感到倦怠。倦怠程度高的員工請病假的可能性高出六三％，去急診室就診的可能性高出二三％，找新工作的可能性高出二五〇％。在這項調查中，蓋洛普研究人員本．威格特和桑吉塔．阿格拉沃爾發現，超負荷的人會陷入「精神流沙」，這會加劇倦怠感。這與先前許多研究人員的發現一致。他們的研究結果還指出，放慢速度來緩解超負荷，可以提供保護，因為「當員工說他們經常或總是有足夠的時間來完成所有工作時，經歷高度倦怠的可能性就會降低七〇％」。❼

②自私

當人匆匆忙忙時，因為過於專注於任務，就不會慢下來對別人說一句好話或幫點小忙，還會無視需要他們幫助的人。

這正是美國社會心理學家約翰．達利和丹尼爾．巴特森在一九七三年的一項經典實驗中發現的結果。他們請普林斯頓神學院的學生來談「好撒瑪利亞人」——一則關於幫助有需要的人的新約寓言。每個學生都接獲這項任務，然後被指示在天寒地凍的十二月天，要從一條狹窄的小巷走到戶外，在那裡他們會遇到一個人（研究人員安排的）「有氣無力地坐在門口，垂著頭，閉著眼睛，一動也不動」。

研究人員將學生隨機分配為三組。第一組的學生被告知不必著急；第二組的人被要求快一點；第三組的人則被催促要盡快，因為他們遲到了。不急的神學生中有六三％的人停下來幫忙。相較之下，有點著急的神學生有四五％停下來幫忙，而非常著急的神學生中僅有一〇％停下來幫忙。諷刺的是，即使演講主題是好撒瑪利亞人的美德，但非常著急的神學生中仍有九〇％由於擔心遲到，因而與（顯然）迫切需要幫助的人擦身而過。❽

在工作中，當匆忙的人們對他人漠不關心時，就會錯失機會去幫助那些有個人困難或需要幫助才能完成工作的同事。《禮貌的力量》一書的作者克莉絲汀．波拉斯，對十七個行業的數百名員工進行調查，結果發現「超過四〇%的人表示，他們沒有時間表現友善」。❾ 許多員工感到太匆忙，甚至不願意花一秒鐘的時間微笑打招呼，更不用說停下來詢問同事是否需要他們的幫助了。

③ 霸凌

俄亥俄州立大學的班．泰珀，在二十多年前發展出一套衡量「不當督導」的指標，自此許多探討這類可惡行為的原因和後果的研究都採用了這套指標。❿ 班列出了惡老闆對下屬施加的十五種行為，包括「對我無禮」「當他／她因為其他原因生氣時遷怒於我」「說我無能」，以及「在他人面前奚落我」。時間壓力再次成為罪魁禍首。數十項採用這套和相關指標的研究發現，經常被最後期限追趕、壓力大且疲憊不堪的老闆，很容易不當對待下屬⓫——下屬的反應則是變得焦慮、沮喪、身體不適、生產力下降，甚至辭職。睡眠品質不佳、超負荷的老闆，也更有可能霸凌員工⓬——員工對這種惡劣行為的反應就是對工作毫無熱忱。

二〇〇七年，蘇頓的著作《拒絕混蛋守則》出版後，就收到數百封電子郵件，內容都是關於視他人為糞土的討厭領導者。有一位博士生，就叫她「露絲」吧，寫信給蘇頓說她的指導教授「克萊」專橫又冷漠。「克萊」是一所著名大學的助理教授，他為了積攢出色的研究紀錄，「夜以繼日」地工作。克萊一心想在自己的領域中出名並晉升為終身教授。他逼迫露絲「每天工作十二個小時，每週工作六、七天」。當露絲要求休息一天來照顧自己時，克萊的回應是「質疑我不夠投入」。在這樣的虐待下，露絲在一年後退學了，而且她「失眠、壓力大，因為情緒性進食胖了九公斤」。

④不當決策

當人們試圖過快地完成任務，不停下來思考，最後引發互相指責和焦慮的惡性循環時，這種狂亂狀態就會造成大腦資源被占用的「頻寬稅」，進而導致不當決策。更糟的是，他們對眼前問題的狹隘關注，阻礙了他們在新問題失控之前防微杜漸，同時也使人無法做長遠的思考和計畫，而這正是好的摩擦修復師和組織，與糟糕的人員和組織之間的分別。

這種綜合症在「時間匱乏」研究的結果中普遍存在。心理學家埃爾達．夏菲爾領導的團隊，對普林斯頓大學的大學生進行了研究，讓他們玩類似美國益智節目《家庭問答》的遊戲。大學生被隨機分配為回答時間充裕（五十秒）或時間匱乏（十五秒）。當時間匱乏的學生可以選擇提前借錢來獲得額外時間時，他們總是借太多錢、在錯誤的時間借錢，並陷入越來越深的債務之中。正如心理學家瑪莉亞．柯妮可娃所解釋的，時間匱乏的學生「太專注於在資源稀缺狀態下運作，導致無法想清楚後果、擬定策略——甚至根本意識不到有這樣做的機會。」⓭

第 2 章引用的丹尼爾．康納曼的研究指出，當你處於「認知雷區」，不知道該做什麼或事情進展不順利時，最好放慢速度，尋求建議，並權衡利弊得失。你腦海中浮現的第一個決定可能是有缺陷的，因為它是根據偏誤和眼下選擇的膚淺理解。時間壓力的危害在行動研究中也普遍可見，正如我們在本章前面所看到的，當人只關注速度時，很容易就會走捷徑，甚至違反法律。

這些發現有助於解釋 Zenefits 的「預備、開火、瞄準」文化造成的傷害，它驅使領導者做出不道德的決定，出售尚未完成的產品，而且如網路媒體《Buzzfeed》所報導的，它創造了一種高壓銷售文化，在這種文化中，「幾乎沒有什麼比達成交易更重要的了」。⓮ 結果是，Zenefits 員工的工作效率低落，而且錯誤百出。他們的客戶遭受了浪費時間的折騰，包括員工有段時間無法獲得醫療保險。Zenefits 從市值四十五億美元的獨角獸公司，迅速跌落神壇，最後只能被轉手賤賣。

⑤扼殺創造力

第2章提到，創造力是緩慢、困難且令人沮喪的。而且，前提是如果你做得正確的話。正如傑瑞．宋飛所說，在創作喜劇時，「如果你很有效率，那麼你的做法就錯了。正確的道路是難走的路」。

泰瑞莎．艾默伯等人在分析了二十二個專案團隊、一百七十七名員工的九千則日常記事後，得出了類似的結論。⓯泰瑞莎的團隊根據員工自述的發現、產生想法、靈活思考、學習和增強自覺，開發出一套詳細的日常創造力衡量標準。他們的研究結果指出：「當創造力是頂著龐大壓力時，通常最終會被扼殺。」研究參與者每天都會用七分制，評估他們所感受到的時間壓力。「在評分為七的日子裡，人們進行創造性思考的可能性，比壓力較小的日子要低四五%。」泰瑞莎的團隊發現，時間壓力可能會驅使人為了完成更多工作，拉長工作時間，然後「**感覺**更有創造力」。然而，正如這套細緻的衡量標準所呈現的，事實上，壓力導致他們的創造性思考能力下降。

當人們感覺自己像「在跑步機上」時，時間壓力最具破壞性，因為他們的日程安排中填滿了零散的不重要任務、不必要的會議，以及不斷更動的計畫。由此產生的沮喪、焦慮和無法專注於工作，削弱了創造力。相較之下，當人們覺得他們的團隊正在執行一項重要使命，成員也有夠長的時間可以專注於必要的個人工作時，時間壓力就不會削弱創造力。

在泰瑞莎團隊追蹤的最糟糕的一個專案中，儘管成員們清楚最初的時間框架不切實際，但管理層仍不斷催促他們以瘋狂的速度工作。成員們因為過於疲憊與焦慮，根本沒有心思放慢速度剖析複雜的問題，也沒辦法投入混亂且不可預測的反覆試驗過程，但想要開發可以挽救專案的解決方案，這些過程都不可或缺。在一項已現頹勢的專案中，一名成員被上級告知，在接下來的幾週內，他應該安排從上午八點工作到晚上七點，每週七天。他在日記中寫道：「我現在真心覺得這項專案是一場死亡行軍。這些工作根本摸不到底……每過一個轉角，就會發現更多未解決的、不完整的、比我們想像中複雜太多的事。」

速度過快：組織債的惡性循環

速度過快造成的損害會波及整個組織，逐漸變成惡性循環，一旦累積成勢，領導者就很難力挽狂瀾。趕時間的領導者做出糟糕的決定和錯誤，於是產生更多未解決的緊迫問題，難以招架的成員一個接一個變得倦怠、自私自利、做出更多有缺陷的決定、創造力下降，最後與組織糾纏在一起的每個人都會受到影響。

速度過快也會以另一種形式損害組織，也就是人們將體制、文化或技術方面的必要工作拖延太久，或者根本沒有時間去做。在軟體開發領域，當程式設計師拖延必要的工作時，組織就會產生「技術債」。技術債會逐漸累積，比方說，當工程師急著交出程式，但其實還有漏洞或沒有充分執行過時，他們會告訴自己「我們之後會解決的」「下次」或「等到出大包的時候，我們早就跳槽了」。

同樣的，經驗豐富的科技產業高階主管史蒂夫・布蘭克曾提到，許多快速發展和成長的公司，都累積了太多的「組織債」，這會比技術債「更快扼殺公司」。[16]布蘭克將組織債定義為「只求完成」而做出的妥協。有些時候，優先處理最重要的工作，稍後再處理其餘的工作，的確是必要且明智的。然而，就像借了太多錢一樣，組織債如果累積得太多，公司遲早會被債務壓垮。那到時候，布蘭克說：「正當事情應該進展順利時，組織債可能會將欣欣向榮的公司變成一場混亂的惡夢。」

我們對 Uber 的案例研究，記錄了這家多元化計程車公司如何在數百個快速行動團隊的推動下實現瘋狂增長——卻因此催生了不斷膨脹的技術和組織債，直到出現布蘭克預測的混亂局面。⑰二〇一三年至二〇二〇年擔任 Uber 技術長的范順（Thuan Pham）表示，起初，將公司劃分為快速行動的分散團隊來開發軟體，並在新城市開設 Uber 業務的做法，確實讓公司快速擴張。前執行長崔維斯・卡蘭尼克將軟體團隊劃分為獨立的小組，各自專注於一個產品領域，並賦予他們幾乎完全的自主權。崔維斯宣揚的公司價值觀也充滿了推進語言，包括**無所畏懼、踩著別人往上爬、讓創造者去創造、永遠拚搏**。

正如范順和他的同事在二〇一九年告訴我們的，巨額的「技術和組織債」刺激了 Uber 的快速增長，讓 Uber 在與 Lyft 和其他對手的競爭中占上風。按范順的說法：「如果生活在一個無債務的世界，我們的行動可能會非常非常緩慢。」但 Uber 拖了太久才「清償債務」。到二〇一七年，就像范順所說，「每個團隊都是一艘全速前進的快艇」，高階主管的監督薄弱，幾乎不關心團隊之間的協調。因為未能放慢速度並解決問題，差點毀了整家公司。

隨著各個團隊不斷各自衝鋒，Uber 的整體「組織速度」卻越來越慢。後來 Uber 出現三個陷入停滯的跡象。第一，工程師花費更多時間「修補層出不窮的問題或處理日常維護事宜」，編寫新程式的時間變少。第二，更多的團隊在推行新功能時遇到困難，因為他們需要其他團隊的協助，但沒有得到，或是被其他反對新功能的團隊阻止。第三，軟體掛掉的現象呈上升趨勢。「工程師和開發人員要對自己的程式負責並隨時待命，因此睡眠債成了技術債的近似指標。」而睡眠債越來越嚴重。「陷入」這種「苦差事」的優秀工程師，紛紛跳槽到 Google 等公司，因為他們不喜歡「一週內被半夜吵醒十五次」。

如同范順所說，這種「技術債」是由於過於分散的組織結構，以及鼓勵人們在不與其他團隊合作協調的情況下衝鋒陷陣的常規造成的——因此為了保持系統運行，有越來越多的員工不得不當起救火員，進行臨時和局部維修，可是並沒有修復根本原因。范順補充說，由於公司急於擴大規模，雇用和提拔太多缺乏經驗的管理者，因此產生了更多的組織債。這些經驗不足的管理者只顧埋頭往前衝和達成短期勝利，卻不夠關注（或不夠高明到知道）何時該放慢速度並正確做事，以及與其他團隊協調工作。

缺乏經驗、快速行動的壓力，以及允許員工和團隊為所欲為等釀成的致命因素，不僅降低了 Uber 的整體速度，也助長了公司許多角落不受控制的愚蠢和不道德行為。Uber 在世界各地都因為觸犯法規而面臨法律問題，當公司內的工程師蘇珊・福勒（Susan Fowler）對自己和其他女性受到的性別歧視和性騷擾勇敢發聲時，Uber 的聲譽更是雪上加霜——部分原因是，Uber 由男性主導的團隊裡，多的是自以為可以打破規定、為所欲為的科技男。

由於這些風波，崔維斯被迫辭職。接替崔維斯的執行長達拉・霍斯勞沙希花了數年時間努力償還 Uber 的技術債和組織債——還要開發出可以獲利的商業模式。該公司在二〇一七會計年度虧損超過四十億美元，雖然它公布二〇一八年獲利近十億美元，但二〇一九年又虧損超過八十億美元。新冠疫情對 Uber 造成沉重打擊，到二〇二二年前三個季度仍在持續虧損。[18] 然而，截至二〇二三年，有跡象透露 Uber 正在翻盤，該公司在二〇二二年最後三個月公布了創紀錄的營收 [19] 和尚可的獲利，而且多元計程車和美食外送服務的收入在二〇二三年持續增長。達拉指出，Uber 已經開始扭轉頹勢，終於走上長期獲利之路。[20]

我們不知道 Uber 是否會持續獲利。但我們能肯定一件事：如果 Uber 早幾年就踩下剎車，開始償還所有技術債和組織債，達拉的工作會容易得多。

踩剎車：創造有建設性的摩擦

「為了快速緩解壓力，請試試放慢速度。」這句來自女演員兼喜劇演員莉莉・湯姆林的建議，精準表達了本章精髓。身為摩擦修復師，應用這條建議的時機，包括當你試圖幫助他人，但不清楚他們應該做什麼時；當人們缺乏意願、技能、金錢或工具去行事時；當他們做得太快所以無法做好時。或者當他們在這條路上已經走了太遠，有些罪惡還沒有糾正，而問題已經一發不可收拾時。

除非必須立即採取行動，否則你的工作就是讓他們放慢速度或停止。以下是關於如何與何時注入有建設性摩擦的六個想法。

① 暫停一下，才能正確開始

當你要啟動新專案、團隊或組織時，請暫停一下，考慮成功所需的人才、角色、規格和資源。一個很棒的開始方法，是利用人類能想像時間旅行的能力：暫停一下，假裝你已經成功，也就是勝利預演（previctorem），或者失敗，即事前驗屍（premortem），並寫下是哪些事件導致這樣美好或悲慘的命運。然後將這些經驗教訓，融入你對工作的設計和執行中。

心理學家蓋瑞．克萊恩，使用事前驗屍來幫助團隊識別危險的隱患和妄想。㉑蓋瑞要求團隊想像，現在是他們做出決定的一年後，而事實證明這是重大且明確的失敗。他要求大家在那個可怕的未來中回顧，並列出清單和故事來解釋為什麼會這樣。蓋瑞的研究發現，事前驗屍是一種「低成本、高回報」的方法，有助於做出更好的決策，讓專案運作更順暢。哈吉．拉奧和他在史丹佛大學的同事進行了一項「回到未來」的研究，結果指出，做勝利預演，也就是暫停下來，從（想像中）成功的未來回顧當下，可能比事前驗屍更有效。[22] 這兩種形式的時間旅行，都可以改善決策和設計，因為將事件視為**已經**發生而不是**可能**發生（用過去時態來思考），會使事件看起來更具體且可能發生，進而促使人們揪出兩者間的細微差別。

在他們的研究中，哈吉．拉奧等人對大約一千名有抱負的企業家進行了實地實驗，這些企業家被隨機分配到三百四十八個虛擬團隊，每個團隊都負責開發一種保健產品的構想，並為其製作廣告。在開始專案之前，團隊被隨機分配進行勝利預演或事前驗屍。實驗也設有安慰劑條件，也就是要求團隊檢視商業運作，而不是進行時間旅行。除了支付薪水來獎勵團隊成員的努力外，研究人員還為第一名的團隊設了五千美元的獎金，提高他們的動機。

拉奧等人隨後測量兩個指標，用來衡量每個團隊的表現好壞。第一個是在協商承諾的時候（包括專案開始日期和成員投入工作的時間），團隊成員為了顧全大局做出多少個人犧牲。其次，他們根據由美國成年人組成的評審小組的評價，衡量了每個團隊為其產品製作的廣告品質，這些小組評估廣告的趣味性和有效性，以及他們點擊廣告的可能性。

表現最好的是那些做了勝利預演的團隊，每個成員都用**過去式**來描述團隊——想像已經是一年後，他們的專案取得了巨大的成功。然後這些成員花了十五分鐘反思推動成功的人員動態。我們相信這樣的團隊會表現比較好，是因為他們對如何進行工作和定義績效有共識，並發展出一種共同語言，進而促進了協調。聚焦於成功，也提升了集體的樂觀和毅力。

這項研究告訴我們，在你的新團隊或組織的成員開始工作之前，值得花點時間暫停一下，進行想像的時間旅行，假裝你已經取得了巨大的成功（或巨大的失敗），描繪事情經過、解釋原因，然後實踐你從中獲得的教訓。

②用提問讓人停下來思考——在他們做出蠢事之前

為了幫助人們擺脫「去做就對了」的推進模式，好好考慮他們對重要決定或行動的第一直覺是愚蠢或危險，你得教導並迫使他們提出能引發評估的問題。這樣的問題可以啟動丹尼爾·康納曼所說的「系統二」，也就是緩慢、深思熟慮且理性的思維方式，據他的說法，人類只有大約二%的時間會使用這套系統。

心理學家珍妮佛·艾柏哈特主導的一項研究顯示，停下來提問可以抑制種族主義刻板印象和行為。珍妮佛的團隊與Nextdoor合作，這是一款擁有超過六千萬用戶的線上應用程式，使住在同一社區的人們能夠共享資訊、提供和獲得幫助，並與附近的居民和商家建立聯繫。遺憾的是，以白人為主的社區裡如果出現一名黑人，Nextdoor用戶常常會認為此人不懷好意，即使這個人沒有任何可疑行為。Nextdoor的共同創辦人聯繫了珍妮佛和她的同事，珍妮佛說：「為了減少『種族定性』，他們意識到必須增加摩擦。」Nextdoor修改了應用程式，讓用戶在舉報某人之前，必須停下來思考諸如「這個人做了什麼讓他顯得可疑？」之類的問題。Nextdoor為用戶提供了種族定性的定義，並敦促他們「如果發現可疑事跡，請具體說明」。在引入這種摩擦，迫使Nextdoor用戶慢下來後，珍妮佛團隊的分析發現，種族定性下降了七五%以上。[23]

③ 你的時代廣場在哪裡？

自二〇一四年出版《卓越，可以擴散》以來，我們已經教授、指導和研究了數百名致力於擴大組織並在組織內部擴散美好事物的人。可惜的是，正如前文提到的

Zenefits亂局和Google Glass的慘敗一樣，聰明人有時會忘記一個明顯得可笑的事實：**要擴散卓越，你得先有卓越可以擴散。**

我們是從貝琪・瑪吉奧塔那裡學到了這一點，她領導了我們在第1章中討論過的十萬家園運動。[24] 貝琪現在是十億研究所的執行長，專為非營利組織和政府組織的領導人提供建議，指導他們如何想像和實施大規模革新。貝琪有很多急不可待的客戶，想用不成熟且未經證實的想法去做大事。她會問他們：「你的時代廣場在哪裡？」這是因為，在領導全國性的十萬家園運動之前，貝琪受非營利組織「社群解決方案」（Community Solutions）創辦人羅珊・哈格蒂（Rosanne Haggerty）聘請，要在三年內將紐約時代廣場的街友問題減輕三分之二。事實證明這個目標不切實際——最後是花了五年時間。

貝琪的團隊從二〇〇三年到二〇〇七年，一直致力於時代廣場的「街友回家」計畫。直到二〇〇七年，他們才發展出對付這個問題的心態、技巧和方法，也就在那一年，他們超越了最初的目標，達成了街友減少八七%的目標。這是一場漫長又令人沮喪的抗戰。貝琪的團隊嘗試了許多方法，又一一失敗，最後才摸索出有效方法。舉例來說，他們花了數年時間，才確定時代廣場上的哪些人是街友。他們最後才學會，「數人頭」的最佳方法，不是在白天去時代廣場詢問人們是否無家可歸，而是在早上五點出門，點算睡在廣場的人數。他們也學會先為那些流浪時間最長、健康問題最嚴重的人找到住所——因為他們早逝的風險最大。

貝琪說，如果沒有那五年的挫折失敗，以及最終制定出適用於其他地方的「工作指南」，她和羅珊不可能在二〇一〇年發起十萬家園運動，並在二〇一四年六月十四日，實現為十萬名長期無家可歸的美國人找到住房的目標。

二〇一六年被迫辭職的 Zenefits 前執行長帕克·康拉德，也學到了類似的教訓。Zenefits 之所以會推出錯誤和糟糕的服務，部分原因是該公司在實現自動化之前，就向客戶出售軟體和服務。Zenefits 員工連結客戶與保險公司的許多作業，都是透過紙本或透過電子郵件發送的 PDF 完成的——這需要耗時的手動工作來審查和傳輸資訊。Zenefits 向數百名客戶出售的系統，緩慢、難以使用且容易出錯——而 Zenefits 員工承受的巨大時間壓力，加劇了此類問題。

帕克離開 Zenefits 幾個月後，創辦了一家名為 Rippling 的類似公司，該公司使用自動化系統來管理一系列員工資料，包括薪資和福利。Rippling 還提供一個「設備管理平台」，允許「在員工離職時，客戶可以檢索、清除和儲存員工的電腦」。

帕克在 Rippling 的做法，跟他在 Zenefits 時完全相反。㉕ 在二〇二一年，帕克承認，在 Zenefits，「我們幾乎是太輕易地在初期就簽下客戶」，領導者以為員工可以為客戶承擔這些手動工作，「一邊想著之後再自動化這些流程」。他們錯了。Zenefits 規模越大，流程自動化就越困難。帕克表示，讓員工從事大量手動工作，導致成本飆升、利潤暴跌，「從那時起，很多事情就開始崩潰了」。

帕克表示，在 Rippling 的頭兩年裡，「基本上只有我和大約五十名工程師」，與他在 Zenefits 的做法形成對比。他們專注於打造穩健的產品，「修整任何操作性功能，並嘗試用軟體取代」。帕克禁止員工做 Zenefits 員工做的那些手動勞務。帕克反過來堅持 Rippling 員工與客戶合作，直到他們開發出完善的自動化解決方案。為了確保工程師了解客戶的需求和挑戰（並節省金錢），Rippling 在初期幾年沒有雇用任何客戶支援人員。帕克說：「我親自去做——工程團隊也親自去做——所有客戶支援工作。」帕克也將從 Zenefits 學到的其他經驗教訓，應用於 Rippling，包括向客戶銷售套組軟體而不是單一產品，並一開始就開發各種軟體，才能與其他 Rippling 產品輕鬆整合。

帕克在做大之前專注於把事情做好，加上在 Zenefits 學到的其他慘痛教訓，結果似乎很有用。截至二〇二二年五月，創投公司已向 Rippling 投資了近七億美元，公司市值為一百一十二．五億美元[26]——幾乎是 Zenefits（短暫）鼎盛時期六十五億美元的兩倍。

④ 重新啟動

二〇二〇年初，新冠肺炎疫情使人們工作和生活的地點和方式，發生意想不到的巨大變化。正如我們在二〇二〇年八月的《麥肯錫季刊》中所寫：「從某種意義上說，**所有新進員工**進入的組織，**全部**與幾個月前有顯著的不同。」㉗然而，許多團隊還是埋頭往前衝，沒有停下來思考這些結構性變化如何改變他們的業務運作環境。

許多團隊面臨的困境，促使我們提出建議，有時甚至指導並帶領一項哈佛商學院的采黛爾．尼利稱之為「團隊重新啟動」的活動。㉘這種有意的暫停需要召開一、兩次會議，考慮團隊目標、規範、節奏、儀式和資源的使用。團隊先討論什麼有效與無效，然後決定應該改變什麼事，以及如何實施他們的決定。

采黛爾透過分享研究來說服團隊重新啟動，這些研究顯示，當成熟的團隊面臨績效或人際關係問題時，按下暫停按鈕，並進行反思和自我批評，這會使團隊受益。但偏偏有太多領導者都像我們遇到的一位疲憊不堪的非營利組織執行長。她的組織裡心懷不滿的明星員工紛紛辭職，厭世心態彌漫，組織資金大量流失。這位執行長卻告訴我們，她的高層團隊「太忙」了，無法聽從我們的建議暫停一、兩個小時。我們向采黛爾提起這位陷入困境的執行長，而她對我們說：「這就像是你知道自己快沒油了，卻不肯停車加油。」

我們與同事凱瑟琳．維爾西奇（Kathryn Velcich）博士一起開發了虛擬團隊的重新啟動方案。㉙凱瑟琳與 Teamraderie（我們提供諮詢的公司）的六個客戶，進行了這項為時四十五至九十分鐘的團隊重新調整練習。在解釋了重啟的邏輯和證據後，凱瑟琳帶領六到十二人的團隊進行減法遊戲。成員對曾經有效但現在成為障礙的規範和實踐，提出各種大膽或實用的想法。然後，團隊會選擇最多三個「目標對象」，並致力於消除它們。接下來，凱瑟琳指導他們進行「優勢遊戲」，根據蓋洛普的研究，最好的員工和團隊懂得發揮自身優勢。這些團隊也辨識並保留一些珍貴的規範、技能或策略，因為這些對他們（目前與將來）的績效和理智非常重要。

其中幾個團隊實施了重大變革。一家軟體公司的團隊，將會議時間從預設的三十分鐘或六十分鐘，縮短為二十或四十五分鐘。一家電腦硬體公司的團隊指定了一名「優先順序長」，負責辨識當下不應該關注的專案和倡議。

⑤ 使用摩擦創造節奏

摩擦修復師可以透過放慢腳步執行例行公事和儀式，創造共同的節奏，進而減少混亂和浪費精力，也增強協調和加強關係。有節奏的行進、舞蹈和歌唱都有演化基礎：成員「步調一致」㉚的群體，具有更強的情感連結，更擅長協調與合作，而這正是採集、種植食物和自衛所需的——因此更有可能生存繁衍。

二〇二〇年三月，新冠肺炎危機襲擊美國後，我們班上的一位軟體開發人員，解釋了站立會議的節奏如何幫助他們的團隊適應遠距工作。當他們在公司工作時，每天早上九點，團隊的八名成員都會聚集召開站立會議，在會議上描述當天的目標與尋求建議。當團隊轉為遠距工作時，他們延續了這種做法，只是成員改站在家裡的筆記型電腦前（而不是親身聚集）。經過幾週的遠距工作後，問題出現了，因為少了團隊成員並肩工作時的非正式和偶發的對話——這些插科打諢、友善的調侃或正經談論個人話題的閒聊，有助於快速解決問題和彼此協調。成員也很難確定何時該下班。當大家在同一個地方工作時，下午五點半所有人統一離開。改用遠距工作後，大家的工作時間開始參差不齊——有些人下午三點就下班了，而有些「工作狂」則經常工作到晚上八點以後。

團隊為了重新啟動，決定暫停一下。他們花了一個小時討論對更多互動的需求、對何時下班的期望差異，以及「工作狂」和「有生活的人」之間的緊張關係。他們決定在下午四點半，增加第二次的每日遠距站立會議。每個工程師都要向團隊說明他或她當天完成的工作，請求並提供幫助，將自己的工作與其他人的工作結合起來，並制定第二天的計畫——其中穿插著慣常的玩笑。這第二個儀式不僅增強了社交連結和協調性，還有助於創造一種公司節奏：結束後，大多數成員都收工下班，除非出現不能等到隔天早上的緊急事件。

約翰．利里是 Mozilla（開源瀏覽器火狐的開發公司）的前執行長，節奏是他與拉奧合開的「新創公司人員營運」課程的中心主題。約翰帶領 Mozilla 從十二名員工，發展到五百多人。約翰強調，隨著 Mozilla 從一個團隊成長為多個團隊，他的領導團隊並沒有添加大量規則和專門角色來加強協調和溝通，而是發展出一套「組織行進的鼓點」。

隨著 Mozilla 的員工規模擴大到約五十人，困惑開始產生——尤其是在新人之間——如何融入、與誰交談、與誰合作，以及何時發布程式碼變更。Mozilla 的領導團隊新增了週一「閉門」會議，用來制定決策和計畫，之後情況就沒那麼混亂了。閉門會議結束後，領導團隊會召開公司全體午餐會議，在會議上宣布目標、回答問題，並討論 Mozilla 面臨的挑戰。當 Mozilla 成長到約八十人時，領導團隊增加了更多的「步調機制」，包括每晚七點的數據報告（幫助大家做出短期決策）和季度公司目標（幫助大家整合個人和集體計畫）。然後，當 Mozilla 成長到約一百二十人時，公司的整體目標顯得過於遙遠，於是高層團隊增加了季度小組目標。Mozilla也開始每兩年舉辦一次全球高峰會，邀集員工、為Mozilla編寫開源程式碼的外部人士，以及其他主要股東，做為「與大家見面、重新連結和記住人性的時刻」。[31]

⑥大量溝通，然後暫停

共同的節奏還有助人們完成工作，避免心力交瘁，因為他們知道何時要與他人一起工作，何時又該單獨工作。美國東北大學教授克里斯托夫・里德爾、卡內基美隆大學教授安妮塔・伍利，在「突發性溝通」（bursty communications）研究中就是發現這樣的結果。[32]克里斯托夫和安妮塔，將來自五十個國家的兩百六十名軟體工作人員，隨機分成五十二個五人虛擬團隊。每個團隊都要開發演算法來推薦太空飛行醫療包的最佳內容。現金獎勵並沒有提升績效。不過，在最好的團隊中，成員會在短時間內交換許多訊息，然後回到長時間的單獨工作——也就是使用「突發性溝通」。最差的團隊會不斷溝通，但速度較慢，並且在主題之間來回跳換，而不是一次只處理一個主題。

這給摩擦修復師的啟示是，最好明確表示「突發」何時應該開始和停止，例如：

透過說「現在每個人都應該來處理這個問題」或「到下週之前就這樣，在這之前不需要再處理」。

花時間正確地結束

人類學家和社會學家記錄了當一件事結束的時候，人們是如何受益於停下來反思過去、失去、接下來要做什麼、對自己最重要和最不重要的事與相互支持。無論是結束一次會議、一天、一次競賽、一份職業、一段人生、一個團隊、一個專案，或是一個組織。

人類天生就會關心事情的結局，並受其影響。丹尼爾．康納曼研究獲得的另一項洞見，就是「峰終定律」：當人在判斷過去經歷的好壞時，最重視的就是自己在最好和最壞的時刻，以及最後結束時的感受。並不是只依據整個過程中的平均感受來判斷一段經歷。[33]

摩擦修復師會打造美好的結局。除了在一天或一週結束時寫一份待辦事項清單外，你還可以鼓勵同事寫一份「驚喜清單」（ta-da list）——這是《過得還不錯的一年》作者葛瑞琴．魯賓建議的一種儀式。㉞葛瑞琴說，列出當天的成就，包括完成的任務、幫助過的人、你照顧自己的方式，會讓你感到自豪，並覺得可以安心地休息，預備第二天或下週繼續前進。

用於結束會議的例行程序，則可以幫助確保每個人都達成共識，並了解下一步該做什麼。比如我們在第 4 章中提過的「珮蒂的臨別問題」。珮蒂．麥寇德在 Netflix 創立後的十四年間擔任人才長，她告訴我們：「我在 Netflix 扮演的最重要的角色，就是在每次高階主管會議結束時說：『我們今天在這裡做出了任何決定嗎？如果有，我們要怎麼傳達出去？』」

結束儀式可以強化團體、組織或社會中最寶貴的價值觀。例如：暱稱「黑衫軍」的紐西蘭國家橄欖球隊所使用的「掃更衣室」儀式。一百多年來，黑衫軍一直是橄欖球界的超級強隊。在二〇二〇年，他們的勝率達到史上最高的七七%，讓全世界的職業運動隊伍都望塵莫及。研究黑衫軍文化的詹姆斯．克爾表示，「掃更衣室」是一種座右銘和儀式，強化了「沒有人比團隊和前人更偉大的傳統」。㉟每次訓練或比賽結束後，無論一個人在球隊中擔任什麼角色——管理員、球員、經理，每個人都會參與清理更衣室。黑衫軍的傳奇巨星丹．卡特表示：「從一開始，你就學會了謙卑……就像我們離開時，更衣室總是乾淨如初。」

在羅氏這家大型製藥公司，高層在每個大型專案結束時都會舉辦盛大的慶祝午餐——包括為團隊開香檳。[36] 領導者也格外注意要慶祝失敗，因為羅氏仰賴的創造性過程，是「十個潛在新藥中有九個都是以失敗告終」。這種儀式使領導者能感謝科學家的辛勤工作，無論專案失敗或成功。儀式也能幫助科學家接受專案已經結束，該開始下一個專案了，同時幫助科學家思索有什麼經驗教訓能增加他們的（低！）成功率。羅氏執行長賽佛林．施萬表示：「我認為，從文化角度來看，讚揚人們的九次失敗，要比讚揚他們的一次成功更重要。」

在裁員期間，精心安排結局和惡劣斷尾之間的差異，更是驚人。如果你必須解雇員工，請停下來並記住，做什麼和怎麼做之間是有區別的。舉例來說，總部位於舊金山的電動滑板車公司 Bird，在二〇二〇年三月疫情爆發之初，解雇了四百多名員工。這些員工在遭解雇前都被邀請參加一個聽起來平平無奇的 Zoom 會議，主題為〈新冠肺炎最新消息〉。當他們在上午十點半登入時，看到一張投影片，上面寫著「新冠肺炎」。然後，一場兩分鐘的純聲音會議，由一位聲音機械的女性主持，她沒有表明身分，也沒幾個員工認得她。她開始說，「這是傳達這項訊息的不理想方式」，然後宣布所有參加這場線上會議的員工將立即失業。「然後他們的螢幕突然變黑，公司發的

MacBook 重新啟動。員工們慌張地在 Slack 上交換個人電話和電子郵件，瘋狂截取聯絡人的螢幕截圖，到上午十點四十分，所有人的筆電都鎖死了」。[37]

在這場裁員行動之後，Bird 的執行長特拉維斯・范德贊登始終沉默，大多數遭解雇的員工都沒收到公司的消息。**除了**管理層**非常**關心該如何收回「公司資產」，尤其是 MacBook 筆電，即使這些已經鎖死的筆電對前員工來說毫無用處。

相較之下，由 Airbnb 執行長布萊恩・切斯基所主導的裁員行動，就截然不同。在二〇二〇年五月五日，也就是 Bird 慘案約一個月後，布萊恩向 Airbnb 員工發送了一份備忘錄，宣布由於新冠肺炎疫情導致旅客出遊量驟降，大約一千九百名員工（占公司員工的二五%）將失業。[38] 他表示，Airbnb 將為他們提供慷慨的遣散費，包括至少十四週的工資、十二個月的健康保險，以及放寬股權限制。布萊恩也寫道：「許多優秀的人才即將離開 Airbnb，其他公司會很幸運能迎來他們。我們不得不與所愛和重視的隊友分開……請明白這不是你的錯。你為 Airbnb 帶來的特質和才能，將永遠是這世界所需求的。」

備忘錄裡說，如果在美國或加拿大工作的員工失業，每個人都會在與高階經理人的一對一會議中當面得到通知——而他們的邀請將在接下來的幾個小時內發送。這些離職員工的最後一個正式工作日，將是二〇二〇年五月十一日，「讓大家有時間開始採取下一步行動並告別」。布萊恩宣布，Airbnb 的招募人員團隊將致力於為離職員工與新雇主牽線搭橋，離職員工還將獲得生涯服務公司 RiseSmart 四個月的支持。所有離職員工都可以保留 Airbnb 發放的筆電，因為它「是尋找新工作的重要工具」。

這次裁員對許多 Airbnb 員工來說，仍然是一個殘酷的打擊，對於管理層沒有盡力保護他們的工作感到失望。依然保有工作的員工，則擔心 Airbnb 有愛又好玩的文化從此變樣。然而，幾個月後，事實證明，放慢腳步進行有序且富有同理心的裁員，很顯然是個明智之舉——因為公司需要變得更小、更靈活。正如《Inc.》所報導的，這「一堂關於如何在困難時期與團隊對話的課程」，幫助剩下的 Airbnb 員工重拾對領導層和公司文化的信心。[39] 大多數離職員工也在幾週內就找到好工作。隨著人們再次開始出遊，Airbnb 的營收也開始回彈。

在二〇二二年和二〇二三年的經濟低迷時期，我們認識的幾位科技公司的領導者閱讀了布萊恩在二〇二〇年的備忘錄，並與他們的高層團隊討論了其中教訓，以及在自家公司裁員時如何應用。他們以它做為裁員的典範，好讓員工仍然將公司視為良好的工作場所，同時也保障領導者的個人聲譽。

Bird 的特拉維斯・范德贊登和 Airbnb 的布萊恩・切斯基，都決心打造一家公司，是能為客戶消除最多摩擦，並帶來最多快樂和滿足。兩者之間的一個巨大區別在於，布萊恩意識到，想建立一家能實現這些目標的公司，在疫情爆發的關頭上，簡單的方法並不是最好的方法，也不是追求「快吃慢」的時機。布萊恩就像本書中其他高明的摩擦修復師一樣，在正確的時刻踩油門或剎車。他知道，為了帶領公司克服危險的障礙，在 Airbnb 所處的這個十字路口，最好放慢腳步。應該停下來思考，如何為被遣散的員工提供他們所需的時間、資源和同情心，幫助他們重新站起來。布萊恩因此廣受讚譽。特拉維斯．范德贊登卻是被媒體口誅筆伐，他本人則找了種種藉口，包括指責員工散布虛假謠言。（他發推文說：「我們**沒有**透過預錄音檔叫員工走人。」）40

摩擦修復師可以從中學到的是，套用加州大學洛杉磯分校傳奇籃球教練約翰．伍登（在擔任教練的最後十二年中贏得了十次全國冠軍）的話來說：「如果你沒有時間把事情做好，那什麼時候才會有時間重做一遍呢？」

PART 4

總結

第 9 章

你的摩擦計畫

我們之所以寫這本《摩擦計畫》，是因為如果組織裡有更多人可以讓正確的事情變得更容易、讓錯誤的事情變得更困難，組織會更人性化、富有成效和創新。我們啟動這個計畫，是因為組織受摩擦問題困擾的大量壞消息，讓我們應接不暇。然而，隨著長達七年研究工作的展開，我們遇到並認識了許多摩擦修復師，他們在很多地方實行了許多明智的補救措施，讓我們對於在大多數職場中解決摩擦問題的前景，感到非常樂觀。

這些領導者都針對他們努力修復的組織挑戰，創建了量身打造的方案。但我們發現，這些領導者的思維和行為方式有著驚人的相似之處。於是我們將這些共同點歸納成三個領導原則。他們遵循這些原則，並傳播給其他人，也可以幫助你設計和運行自己的摩擦計畫。

這些領導者遵循的首要原則是，**我們是他人時間的受託人**。正如第 1 章所說，像受託人一樣思考和行動，意思就是：集中精力（並指導你的同事），尋找並修復那些浪費他人時間和金錢、讓人感到沮喪、讓人生氣和疲憊的障礙。擔任受託人也意味著知道如何讓人們停下來，思考自己到底在做什麼，以及在事情應該困難或行不通時注入摩擦。

高明的受託人善於讓有能力解決問題的人意識到摩擦問題——而且能激勵這些人像受託人一樣思考，並開始必要的修復。這些領導者也幫助其他人，停止耽溺於煩惱這些問題有多難解決或找藉口。比方說，公民村的執行長兼共同創辦人麥可·布倫南知道，如果想要讓他的小型非營利組織，成功地修復每年超過兩百萬密西根州民眾填寫的繁雜政府福利申請表格，他們就需要MDHHS（密西根州衛生及公共服務局）——也就是負責這個申請表格的組織——高階主管的支持。❶

公民村團隊邀請了MDHHS的六位高階主管參加會議，並以邀請這些高階主管親自填寫這份四十二頁的表格，拉開會議的序幕——之前他們從未有人這麼試過。特里·博雷爾（Terry Beurer）是MDHHS的局長，在那裡工作了三十五年，他只讀到第八頁就放棄了。特里告訴麥可，這是他職業生涯中最慚愧的經歷。特里說：「在這之前，我一直認為我們的做法是最好的。我認為那是最好的，因為那是我們開發的。嗯……我還能錯得更離譜嗎？」

值得讚揚的是，特里沒有陷入防衛，也沒有找藉口說改變龐大的政府官僚機構有多麼困難，而是當場代表MDHHS加入公民村的「改革表格計畫」，並在長達四年的艱難改革時期，提供了時間、部門資源和政治支持，直至計畫終於成功。

受託人有無窮無盡的方式能使出他們的技藝。邱吉爾發出〈簡潔〉備忘錄，要求英國官僚不要那麼長篇大論。癌症中心的領導者邀請爭取患者權益人士講述他們的癌症稅慘烈故事，引起醫生、護理師和行政人員的關注和動力。然而，所有受託人都很像的地方在於，他們會不斷尋找方法來讓自己和同事意識到，他們是如何把哪些事情變得困難或容易，並設法提升大家的意願、資源和技能，不斷為在自己摩擦錐內的人們創造更好的生活。

第二個領導原則是，**我們的專案是透過捨我其誰精神與當責來推動摩擦修復**。以百勝餐飲集團前執行長大衛．諾瓦克的話來說，就是建立一個當責是雙向道的職場，讓人們感覺到「我擁有這個地方，這個地方也擁有我」。❷當談到修復摩擦時，高明的領導者會敏銳地意識到，讓正確的事情變得更容易，讓錯誤的事情變得更困難，這件事本身往往被視為無主問題、障礙和折騰，團隊或組織中的每個人都認為這些事很重要，但沒人負責去做。

癌症中心的情況正是如此，直到爭取患者權益人士講述的癌症稅慘烈故事喚醒了領導者。在這之前，癌症中心領導層、行政人員和醫護人員都知道，醫院體制給患者及家屬帶來沉重的協調負擔，但很少人覺得有責任減輕這種負擔，而且普遍認為這件事不怎麼急迫。在高階主管們意識到此類工作的重要性，負起責任制定補救措施，並指派關懷點人員協調為每位患者提供的服務後，癌症稅才開始降低。

創造捨我其誰精神和當責文化的領導者，會混用三種策略。首先，他們不遺餘力地溝通與以身作則，讓大家知道摩擦修復是重要工作。舉例來說，微軟執行長納德拉，近乎頑強地去扭轉微軟數十年來的各自為政和功能失調的內部競爭。❸在納德拉於二〇一四年上任之前，很少有微軟員工覺得有義務支援部門和事業體之間的協作和協調，將同事視為敵人而不是朋友的人，反而能獲得獎勵。正如一位微軟資深員工告訴我們的，這是一種「背後捅刀的獎金」。

現在不再是這樣了。十年來，納德拉不斷向全體員工談論，擁抱「一個微軟」的意思。一遍又一遍地聽到這個訊息，讓員工知道，他們應該「以一個團隊的身分團結合作」，並「以他人的想法為基礎，跨界合作，這個團隊會將微軟最好的成果帶給我們的客戶」。

第二個策略是，領導者利用獎勵和懲罰的方式，鼓勵當責和捨我其誰精神。納德拉的「一個微軟」不是說說而已。現在，員工獲得加薪和晉升的途徑，是透過出色的工作和幫助他人取得成功——而不是像過去史蒂夫．鮑爾默領導公司時那樣，透過拖人下水而獲得加薪和晉升。第 1 章中也看到「十萬家園」運動採用非金錢的獎勵來加強當責。貝琪・瑪吉奧塔的團隊頒發了數十個「雞事搞定人獎」——一隻金屬公雞，送給那些挺身為街友找到家園的社群成員。貝琪的團隊也學會了（溫和地）忽視那些「空心復活節兔子」，他們會滔滔不絕地談論偉大的想法和計畫，但從未付諸實行。

第三個策略是，領導者很清楚，當修復摩擦被視為每個人都能「好心」地幫上忙，但不屬於任何個人或團隊的事情時，就可能會成為一個無主問題。為了解決這個問題，領導者會設計好他們的專案和組織，讓每個人都了解自己負責執行和管理哪些摩擦修復工作。這就是為什麼《摩擦計畫》裡有這麼多「直接負責人」（directly responsible individual, DRI），這是蘋果公司的行話，指的是「負責推動任務完成、做出關鍵決策並讓專案順利運行」的人（或團隊）。❹責任由他們承擔，當出現問題或疑慮時，第一個要找的人員或團隊就是DRI。比方說，癌症中心關懷點計畫的行政人員，負責協調病患照護；普什卡拉・薩勃拉曼尼安在簡化卓越中心的活動中，為阿斯特捷利康公司省下了兩百萬小時；還有勇敢的美國國防部主管大衛・舒梅克中校，他阻止Theranos在軍用直升機上安裝未經審核的血液檢測裝置（儘管面臨美國四星上將、綽號「瘋狗」的詹姆士・馬提斯的施壓）。

第三個領導原則是，**組織設計是摩擦修復的最高形式**。大多數時候，領導者沒有那份餘裕能從頭開始設計工作場所。因此，大多數領導者必須在現有的不完善體制中找出可行之道。第 3 章中幫助金字塔下方的三層，展示了領導者如何減少設計不良的團隊和組織造成的損害——也就是他們無法解決的問題（至少目前如此）。這些包括**重構**摩擦問題，讓糟糕體制的受害者感覺沒那麼絕望或無助、**導航**幫助人們穿越令人困惑和崩壞的體制，並**保護**他人免於低效率和侮辱。這些是帶領任何摩擦專案的必要工作，因為所有體制都有缺陷。

然而，我們在本書中最為讚揚並從他們身上學到最多的領導者，則是設法打造出更好的體制，而不是盡量善用蹩腳的體制。這就是為什麼我們將**鄰里設計與修復**、**體制設計與修復**放在幫助金字塔的最上面兩層。調整、改造團隊與組織，使它們不會讓人抓狂、不會扼殺生產力，並確實支持更好的決策、協調和創新，這是摩擦修復中最重要的領導工作。

這也是為什麼本書的五個核心章節，每一章都深入剖析一種摩擦陷阱的成因和補救方式。第 5 章到第 8 章著重於設計與重新設計領導行為、員工角色、團隊和組織的解決方案。每一種解決方案都是一個入口，供領導者聚焦設計的目標，包括以減法工具消除體制的不良摩擦與改善組織中的角色、團隊和部門之間如何相互配合才能避免協調混亂，以及如何設計出能夠在正確的時間，以正確的方式固定產生有建設性摩擦的組織。

對許多領導者來說，大多數此類設計工作都是由他們的團隊完成。這不僅對負責一個團隊或多個團隊的領導者來說是實情，對於大型複雜組織的領導者亦然，因為大多數人都仰賴高階主管團隊來制定和實施涵蓋全體制的設計決策。已故的組織心理學大師理查．海克曼，將五十年職業生涯的大部分時間都投入了解團隊績效的驅動因素，他的研究證實了團隊設計決策為何如此重要。理查從多年的研究中歸納出「六十—三十—十法則」。❺他發現團隊領導和成員的日常「調整」，只能決定約一〇%的績效。另外三〇%的績效則是源自啟動時的設計——至少在壽命較短的團隊中是如此，例如：商業航空公司的駕駛艙機組人員。而有高達六〇%的績效，是由理查所謂的「預備工作」決定的：持續的設計選擇，包括策略、規模、獎勵、規範、慣例、儀式、工作如何劃分和協調，以及誰做出哪些決策。對於壽命長達數月、甚至數年的團隊來說，持續的設計選擇會產生更大的影響力。

所以運作良好的團隊會遵循采黛爾．尼利在第 8 章中，關於團隊「重新啟動」的建議，定期停下來評估、爭論並做出決定，確定整個組織中（而不只是他們的團隊）的哪些做法仍然有效、哪些需要改變。當美國鋁業公司執行長保羅．歐尼爾堅持要員工放慢速度、專注於提高安全性時，就是這樣。在美國鋁業公司的工廠、安全會議和委員會中，持續進行的討論和有益的爭論，以及由此產生的程序和設備的變化，不僅使工害事故急劇減少，與此相關的溝通和心理安全感的提升，也激發了許多解決方案，提振了美國鋁業公司的創新、效率和財務表現。[6]

最後這一章要深入探討如何領導並實施你的摩擦計畫——以及無論你的影響力是小還是大，都能運用一些方法打造或改善職場，讓正確的事情變得更容易、錯誤的事情變得更困難，成為一種生活方式。我們總結了五條摩擦修復師的心法，供你借鑑並傳播給其他人。

摩擦修復師的心法

① 聚焦於過程，而不是目的地

「過程就是收穫」是源自中國古老的智慧，因為賈伯斯對這句話的鍾愛，你或許聽過。

大多數與摩擦搏鬥的冒險都有里程碑，例如：阿斯特捷利康設定並超越了節省員工一百萬小時時間的目標。但這樣的領導工作永無止境，而過去旅程中的血淚教訓，都是未來成功的基石。好萊塢資深執行製片人雪莉・辛格曾製作過四十多部電影，她在我們的《摩擦》podcast中特別強調了這一點。在早年拍攝時飽受延誤之苦後，雪莉學會如何在拍攝當天避免「第一個可能出錯的事情」。她解釋說：「每天早上演員都要先去弄髮型和化妝。如果他們沒有按時出來，你的工作日才開始就已經晚了，對吧？可能晚了四十五或五十分鐘，你都還沒開工。」❼

史丹佛大學教授黃思綺和珍妮佛・艾克的研究也指出，我們應該專注於手段而不是目的。❽他們對一千六百多名參與者進行了六項實驗，「包括節食、健身到高階主管培訓課程等活動」，結果發現「將達成的目標視為一段旅程」使人們更有可能繼續「使他們能夠達成目標的行為」。舉例來說，在迦納完成教育計畫的高階主管「經歷了三十分鐘的結業面談，面談者引導他們使用旅程隱喻、目的地隱喻或根本不使用隱喻來思考和討論學習經驗」。六個月後的追蹤發現，受到旅程隱喻啟發的高階主管，更有可能將他們的知識轉化為行動，例如：「改善供應鏈幫助公司擴大規模」。

旅程的隱喻可以幫助你在實現一個里程碑後堅持下去，因為它讓你的注意力轉向「一路上的起起落落」、你學到了什麼，以及如何應對未來類似的挑戰——而不是慶祝你的成就，然後就鬆懈。賈伯斯說：「我認為，如果你做了某件事而結果相當不錯，那就應該去做其他精采的事，而不是沉迷於它太久。」❾他很清楚，如果只想著能達成目標會有多棒，但達成後就安於現狀，是多麼危險的心態。

②將小事連成大事

《箭藝與禪心》一書提供了一個很美的比喻，幫助領導者在摩擦計畫中專注於過程，而不是目的地。一路上專注於做正確的小事，當這些小事交織在一起時，就會帶來持續的成功。作家兼哲學家奧根．海瑞格於一九二〇年代旅居日本，師從禪宗大師阿波研造學習弓道。海瑞格用了好幾年的時間，才領會以下一系列動作的樂趣和細微差別：穩定呼吸、張弓、搭箭、澄明思緒、把箭往後拉、鬆手、看箭飛遠——不因「射不好而懊惱」，也不因「射得好而雀躍」。他專注於每一個小環節，樂在其中，而由於把每一個細節都做到極致，也就更常射中靶心。❿

奧根．海瑞格與雪莉．辛格、賈伯斯等人教給我們的是，他們不僅專注於過程，更執著於一路上**正確的**小事，當這些小事匯集時，成功也就水到渠成。對於雪莉來說，那就是學會什麼是她緊張的電影日程「即將落後」的關鍵警告訊號，以及何時採取預防措施。

賈伯斯更是以將小事連成大事而聞名。一位前蘋果高層告訴我們，賈伯斯花了很多時間，與羅恩．強森（Ron Johnson，零售業務負責人）就蘋果直營店客戶體驗的每個細節進行爭論和構思原型——包括如何消除不必要的摩擦、讓訪店體驗新鮮有趣，以及讓展示品看起來美得讓人難以抗拒。結果之一是蘋果門市取消了收銀機，由攜帶手持結帳設備的員工在店內走動，幫助顧客當場選擇、設置和購買產品——消除了排隊等候付款等步驟。

為了推動摩擦修復，你的工作就是不斷思索並調整自己、團隊和客戶所採取的小步驟。並且從沿途那些不舒服、衝突和快樂的時刻中學習。這可以幫助你享受這段旅程，找出哪些小事可以連成大事，並提高長期成功的機會。

③把「潤滑者」和「墨守者」放對位置

即使你的組織在其他方面都設計得很好，但如果沒有把對的人放在對的位置，摩擦問題還是會加劇，最終爆發。為了避免此類麻煩，高明的領導者會努力將「潤滑者」放在摩擦應該低的地方，將「墨守者」放在摩擦應該高的地方。對性格和文化的

【圖表 9-1】

潤滑者	墨守者
規則：「非官僚性格」或「混亂玩偶」，無視、通融，以及反抗和廢除規則、規範和傳統。	**規則**：「官僚人性格」或「秩序玩偶」，遵循、創造和執行規則、規範和傳統。
風險：樂於冒險，專注於嘗試新事物的好處。鼓勵其他人採取冒險行動。	**風險**：不願意冒險，專注於可能出錯的地方，不輕易嘗試新事物。勸阻他人不要採取冒險行為。
監管：不太審視他人。很快信任他人並假設對方懷有善意。淡化並鼓勵錯誤、挫敗和違反規則。	**監管**：嚴密審視他人。不容易信任他人並假設對方懷有惡意。指出並懲罰錯誤、挫敗和違反規則。

研究，揭示了人們對**規則**、**風險和監管**的反應差異，這可以幫助你弄清楚人們（包括你）在我們的潤滑者—墨守者光譜中處於什麼位置，請見【圖表 9-1】。

心理學家蜜雪兒．蓋爾芬德在《制定規則，打破成規》一書中，記錄了那些我們稱為「潤滑者」的人，如何透過擁抱失敗和挫折、以通融和打破規則為榮，來支持創造力。蜜雪兒的研究[11]讓我們想起了為皮克斯動畫電影推介故事的創意團隊，他們為一次又一次推介失敗又再奮起而感到自豪。他們也嘗試了一些荒謬的事情，例如：講述一隻老鼠烹調美味法國菜的故事，以及為了研究，他們採訪了一名與三十六隻老鼠生活在一起的女人。[12]或是經驗豐富的迪士尼「想像家」，他們對所有失敗的原型絲毫不氣餒，也很得意能開發出讓高

階主管坐立難安的「太空山」，這種室內雲霄飛車，比過去任何迪士尼遊樂設施都更令人頭昏目眩和害怕。⓭

然而，如果是要維護和經營太空山，你需要的是墨守者，他們頑固地執行經過驗證的安全程序，厭惡讓客人處於危險之中，並為了消除錯誤或禁止的即興舉動，相互密切監管。同樣的，我們喜愛湯姆·克魯斯在《捍衛戰士》電影中飾演的「獨行俠」做出的各種噱頭，例如：倒立飛行、穿越橋下，還有與其他飛機相距不到幾公分。但我們不希望聯合航空公司的機師做出這些動作。

達麗婭·利思威克在《Slate》網站文章中，用半開玩笑的「玩偶理論」⓮做出了類似的區分：「每個活人都可以根據一個簡單的標準進行分類：我們每個人要麼是混亂玩偶，不然就是秩序玩偶。」以《芝麻街》裡的玩偶為例，包括餅乾怪獸和恩尼在內的混亂玩偶，都是「失控、情緒化、反覆無常的」。像伯特和科米蛙這樣的秩序玩偶，則是「神經質、極為死板、厭惡驚喜」。達麗婭認為，這兩種並沒有哪一個比較優越。混亂和秩序玩偶彼此互補，因為「功能健全的家庭和具生產力的職場」，既需要打破規則和承擔風險所帶來的靈活性和主動性，也需要規則和計畫提供的穩定性和安全性。

蕾莎·德哈特戴維斯對美國四個城市的政府雇員進行的研究發現，具有「非官僚性格」⓯的公務員，經常通融和打破規則，對於具有「官僚性格」的僵化同事來說是一種有效的反作用力。正如一位「不官僚」的工頭坦言：「只有市屬街道才應該由市政府來維護。但如果街道上有一個洞，不管它是不是市屬街道，我都會去處理。我會偷偷去把洞補好，反正我就是要讓這個城市更好。」如果每個公務員都藐視每一條規則，絕對會導致效率低落和混亂。但是，因為有一些像那位工頭一樣，為了大眾利益而違背嚴格規則的員工，這個城市變得更安全，也更美好。

摩擦修復師也會指導、批評，並在必要時驅逐具有破壞性的潤滑者和墨守者。在運作良好的組織中，即使是最有權勢的主管，也要為自己的罪惡負責，包括那些阻礙組織發展的墨守者所犯的罪。就像凱蒂·德塞勒斯和卡爾·艾奎諾研究的職場正義魔人一樣，他們自封為「法官、陪審團和正義的使者」，並因同事和顧客一些輕微和他們認定的犯規行為，懲罰他人和告密。[16]

身為摩擦修復師的領導者，不會讓這些酷吏般的秩序玩偶猖狂下去。困擾我們多年的一位規則狂，遭遇正是如此。當我們試圖將史丹佛大學的資金花在助教等合法開支上時，一位姑且稱之為拉里的經理，經常設下一道又一道不必要的麻煩關卡，並將我們視為罪犯。後來拉里換了一位新上司，他規勸拉里：「沒錯，每個人都必須遵守史丹佛大學的規則，但你的工作是為組織做事的人減少摩擦，而不是添加阻礙。」這位上司緊盯著拉里，並在他造成不必要的麻煩時指導他停止。神奇的是，幾個月之內，拉里最嚴重的阻礙行為就絕跡了。

拉里的上司也知道這個秩序玩偶覺得自己不被欣賞，所以特別留心去讚揚他的工作表現。南加州大學馬歇爾商學院的教授內特．法斯特領導的研究指出，這種尊重可能幫助拉里放棄他的私刑——因為一些墨守者會故意挫傷和羞辱他人，做為自身缺乏威望的報復。⓱在內特的實驗中，一些大學生被隨機分配為「工人」，並被告知他們的工作需要做一些卑微的任務，而同學「往往看不起工人的角色，既不欣賞，也不尊重」。其他大學生則被分配為「創意生產者」，並被告知他們執行了重要的任務，而且同學很尊敬他們。之後各組的學生要設置一個或多個關卡，搭檔必須通過這些關卡才能獲得五十美元的抽獎資格——這些關卡是從研究人員提供的十個選項中選出的。關卡的範圍從完全不帶貶低性的活動（「給實驗者講一個有趣的笑話」），到令人不舒服和羞辱性的活動（「說『我很骯髒』五次」和「學狗叫三遍」）。地位卑微的工人會設置更多羞辱性的關卡，用來發洩他們的憤懣。

因此，如果你的組織也有正義魔人出沒，他們像是要你「說『我很骯髒』五次」一樣，不斷找麻煩，那麼請想一想他們是如何被對待的。他們是否被忽視或不被賞識？如果是這樣，開除他們並不是解決問題的方法；接替的人也可能採取同樣的行徑。你可以試試拉里上司的做法，表現出對他們的尊重。

④最好的摩擦修復師精通摩擦換檔

最好的領導者和團隊，即使他們可能偏愛潤滑者或墨守者，但他們學會該讓什麼是容易的、困難的或行不通的，以及如何在這些模式之間切換。他們會避免被內心的混亂或秩序木偶綁架，並掌握摩擦換檔的技巧，包括使用「摩擦鑑識」——第2章中的八個診斷性問題，評估什麼應該是困難的，什麼應該是容易的。

亞馬遜創辦人兼前執行長傑夫・貝佐斯常問的問題，就類似我們問的「失敗是所費不高、安全、可逆且有啟發性嗎？」貝佐斯會問，這個決策是「單向」還是「雙向」門。他在二〇一五年致亞馬遜股東的信中寫道，單向門是「必然且不可逆轉或幾乎不可逆轉的」。比如出售或購買一家公司，「就算你走過去後不喜歡另一邊的景象，也無法退回到原來的位置」。因此，「這些決定必須經過深思熟慮和協商，有條不紊、仔細、緩慢地做出」。相較之下，雙向門所需的摩擦較少，因為「它們是可變、可逆的」，這讓「你可以再次打開門退回去」。⑱

我們在第1章中討論的IDEO組織重新設計，就是雙向門的一個好例子。執行長大衛・凱雷剃掉了他招牌的格魯喬・馬克思式的鬍子，這項舉動安撫了員工（並讓他們發笑）。凱雷告訴他們，就像他可以重新長出鬍子一樣，IDEO的新工作室模式同樣是可逆的。

貝佐斯認為，大公司對於「雙向門」的決策，使用了重量級、高摩擦的決策流程，注定會較少創新，因為它們行動太慢。他補充說，小公司對於「單向門」的決策，採用輕量級的決策流程，也會完蛋，「還沒壯大就沒了」。簡而言之，如果決策者固守潤滑者或墨守者模式，前路必將坎坷。

領導團隊或組織中的摩擦換檔，也需要發出明確的訊號，傳達是該增加或減少摩擦的時候了，也確保人們理解你的意圖並改變行為。也許你會以為發出的訊息，其他人聽進去了，但正如第 4 章所說，人（尤其是那些手握大權的人）往往不清楚其他人是如何解讀和回應他們的決定、命令和建議。有的組織還會讓混水更濁，不斷發出令人困惑、相互衝突和過多的資訊——讓人很難區分「訊號」和「雜訊」。因此，為了引發摩擦換檔，領導者的工作就是發出簡單與清晰的訊號，表明是該以潤滑者或墨守者的模式工作了。

這就是保羅．安德森（Paul Anderson）在一九九八年擔任必和必拓執行長時所做的事。當時這家澳洲礦業與能源巨頭每年虧損數十億美元。安德森實施重大變革，包括關閉無利可圖的業務、提高安全性，以及偕同其他高階主管編寫出一套章程，闡明公司的策略和「價值觀、目標、成功之道」。[19] 到二〇〇一年，必和必拓的利潤達到創紀錄的二十二億美元，員工受傷率下降近三〇％。

安德森告訴我們，當你接手一家陷入困境的公司時，「你必須評估情況，而不是迅速採取行動。每個人都希望你做點什麼，所以你要非常平靜說的第一句話是：『我們今天不打算做任何事情。』」在上任後的頭幾個月裡，安德森踩下剎車，要求「公司最高層的八十個人，寫一份兩頁的問卷，裡面第一個問題是『你是誰？你負責什麼？』，然後是『你認為哪個議題最急迫？如果你是我，你會怎麼做？』」在與這八十個人一一交談過，並釐清出了什麼問題、誰是最好（和最糟）的人手，以及修復必和必拓需要什麼之後，安德森讓他的手下知道，該換檔展開變革了，然後他們就在短短幾年內扭轉公司的頹勢。

⑤禮節、關懷與愛可以推動摩擦修復

我們記錄了身為摩擦修復師的人可以如何策略性地利用情緒，包括溫暖、笑聲、蔑視和憤怒。我們也介紹了如何察覺和影響你「摩擦錐」中人們的情緒感受，減緩他們的憤怒和絕望，並增強他們的心理安全感。我們提到的一個相關的領導力心法是：共有的禮節、關懷和愛可以加速摩擦修復。當一個組織中充滿這樣的感情時，人們之間的情誼會更牢固，彼此信任，專注於同事和客戶最好的特質，並投入更多的精力來幫助他人，而不是滿足自己的自私需求。

禮節、關懷和愛，正好反映了集體同理心的粗略等級。正如克莉絲汀・波拉斯在《禮貌的力量》一書中所說的，當組織裡有太多人粗魯無禮時，就會導致員工的承諾、合作和協調性直線下降。[20]雖然每個團體和組織都有緊繃、分歧和權力鬥爭等陰暗面，但並不代表人們注定要視他人為仇敵。彼得・杜拉克說：「兩個移動的物體相互接觸會產生摩擦，這是自然法則。」但禮節可以幫助人們發揮出最好的一面，因為正如杜拉克所說：「禮貌是組織的潤滑劑。」[21]當員工（以及他們服務的客戶和民眾）以明顯可見的尊重對待彼此時，就有助於避免公然開戰和背後中傷，解決（或至少容忍）緊張關係，並更願意合作。

克莉絲汀的研究證實，當禮貌成為常態時，員工能完成更多工作；他們願意多花些心力幫助他人，而且身心更加健康。克莉絲汀剖析了領導者如何透過樹立榜樣，雇用、獎勵和提拔有禮的人，以及制定傳播尊重行為的計畫，進而建立禮貌文化。她在書中提到，看似微小的干預措施，如何產生巨大的影響。就像路易斯安那州奧克斯納健康中心（Ochsner Health）的禮貌程度上揚一樣。這項成果可說是由「奧克斯納十／五法則」引發的，也就是如果一名員工距離同事或患者不到十英尺（約三公尺），應進行眼神交流並微笑。如果對方在五英尺（約一．五公尺）以內，應開口打招呼。

每個組織（和家庭）都可以更加有禮，只要我們在遇到難相處的人時，都遵循克莉絲汀的建議：「在對別人關閉心扉、拒絕或表現出不耐之前，試著設身處地想一想。你甚至可以更進一步問自己：**我可以怎樣幫助他們？**」㉒

關懷是比禮節更強大的集體同理心形式，也比表面的禮貌行為需要更深層的同理和關懷。在關懷的文化中，人們感到有義務幫助他人避免和克服障礙——他們期望彼此採取克莉絲汀建議的「更進一步問自己」步驟。這就是為什麼擔任 WD-40 執行長二十五年的蓋瑞．里奇（Garry Ridge）要談論兩種潤滑劑：他公司銷售的紅蓋藍罐噴霧油，**以及 WD-40 關懷文化的力量**。㉓

蓋瑞說，當他在一九九七年上任時，公司內有太多管理者試圖以恐懼來壓榨員工，因此損害了員工的生產力，破壞他們的信任，讓他們每天下班時都不開心。於是蓋瑞著手改革 WD-40，並任命以人為本的領導者。蓋瑞說，這種集體關懷以兩種方式潤滑了公司的發展。第一個是「我對你有足夠的關懷，會獎勵你，並為你所做的出色工作鼓掌」，這會激發自豪感、努力和合作。第二個是「當你所做的事無法幫助你成功時，我也勇於重新引導你」。當領導者幫助他人茁壯時，他們會避免金．史考特所說的「濫情同理」：模糊、裹著糖衣的批評和虛假的讚美，只會阻礙個人學習和組織改進。㉔在 WD-40，關懷需要**徹底坦率**，這也是史考特著作的書名。也就是告訴人們殘酷的事實，使他們能從錯誤中學習，擴大優勢，而且是在感覺得到支持和尊重之下做到這一點。

蓋瑞認為，這種關懷坦率的文化，是在他任職期間，WD-40 的營收成長到原來的三倍、股東報酬年均增長的關鍵原因。蓋瑞對一項員工調查感到特別自豪，調查顯示九七%的 WD-40 員工尊重他們的「教練」（他們對上司的稱呼）。

已故的華頓商學院管理教授西格爾．巴薩德領導的研究，探索了「友伴愛」（companionate love）文化，也就是職場中具有強烈的「對他人的喜愛、同理、關心和溫柔的感覺」。西格爾對七個行業的十七個組織、共三千兩百名員工進行的調查發現，當「員工感受到並表達出彼此之間的友伴愛時，他們會表現出更高的工作滿意度、承諾和個人對工作表現的責任感」。她對一家長期照護機構進行了為期十六個月的研究，結果發現，在具有友伴愛文化的單位中，員工的團隊合作更加出色，倦怠程度也較低。患者也表示，他們對生活中的照護品質更加滿意，心情更好，也減少了不必要的急診就醫次數。㉕

本書第 6 章提到的托德．帕克，因領導修復「歐巴馬健保」網站而出名，他相信愛是消除不良摩擦的祕訣。二〇一七年，托德和他的兄弟艾德推出了 Devoted

Health，幫助美國老年人獲得「一站式醫療保健服務」，這套「協調系統」將醫生和牙醫的照護、處方藥、非處方保健產品（如牙膏和維他命）及眼鏡等福利整合在一起。Devoted Health 幫助老年人應對複雜且「混亂」的美國醫療保健系統。托德說：「雖然理解和繞過這個系統似乎是不可能的，但這就是 Devoted 的設計目的。」[26]

托德深信，愛與物流的結合，是 Devoted 系統設計和運作的關鍵——這樣顧客才能得到員工的關心、關懷和溫柔，避免荒謬的等待時間和其他折騰，並得到他們應得的每一分錢。Devoted 的使命是「瘋狂工作，像照顧自己的媽媽一樣照顧每個人」。托德補充說：「整個公司的常規命令是，在採取任何行動或做出任何決定時，『閉上眼睛，想像一下你深愛的家人的臉龐，然後問問自己，如果你的決定會直接影響到他或她，你會怎麼做？』」

臨別贈言：預期並擁抱混亂

在二〇一二年時，我們有一位朋友在臉書（現在的 Meta）工作。她讀到幾篇文章，說員工非常喜愛臉書「快速行動、打破常規」的文化，以及這種文化如何推動超快速、有效的產品開發。她大笑說：「聽起來是很棒的公司，真希望我是在那裡工作。」每個組織，無論多麼盛名在外或多麼會賺錢，都會有失手的時候，使關鍵行動變得太難或太容易——因此激怒員工和客戶。我們在一家大型律師事務所發表演講後，一位合夥人向我們介紹了他與幾位現任合夥人在公司裡組建的「草更黃俱樂部」。這個俱樂部的成員，都是前幾年曾經跳槽到其他看似草更綠的律師事務所。他們之所以離開，是因為他們覺得在原來的事務所要好好做事太難了，當然也有其他問題，包括權力鬥爭和不公平的薪酬。但最後每個合夥人都回來了，因為慘痛的經驗讓他們發現，新公司的草更黃。

因此，我們的最後一堂課是，聰明的摩擦修復師心裡很清楚，組織生活總有混亂的時候，所以會努力清理他們能清理的東西，並擁抱（或至少忍受）其餘的。也就是你要接受這樣一個事實，就像那些律師一樣，無論你身在何處，總會有不可避免、惱人的摩擦。正如那位向我們介紹「草更黃俱樂部」的合夥人所建議的，記住古老的軍事縮寫 SNAFU（Situation Normal: All Fucked Up，正常情況：全搞砸了）會有所幫助：儘管有些地方比其他地方略勝或略遜一籌，但基本上每個組織都是這樣。這也是我們在過去二十五年裡，一次又一次從大衛．凱雷那裡聽到的建議，關於他創立和領導的組織。他告訴 IDEO 和史丹佛設計學院那些沮喪和困惑的人（包括我們）：「生活有時候就是很混亂。有時最好的做法，就是接受它就是一團糟，盡可能地努力去愛它，然後繼續前進。」

史宗瑋[27]是 Hearsay Systems 的創始執行長兼執行主席、Salesforce AI 的執行長。她同意「在努力清理混亂的同時，也擁抱混亂的想法」。史宗瑋補充說，尤其是在嘗試新事物時，即使你不知道會出現哪些混亂，最好還是要有事情會出錯的心理準備。不必感到震驚或驚慌。可以的話，準備好進行修復，同時又如大衛・凱雷建議的，在一攤爛泥中繼續前進。

史宗瑋提出三種方法，幫助人們應對即將發生的混亂，她在 Hearsay Systems 推出第一個產品時使用了這些方法，並在 Hearsay 和 Salesforce 持續改進。

第一種方法是**「我們讓每個團隊成員提前集思廣益，討論什麼可能會順利，什麼可能會出錯」**。這讓人們能提高警覺，留意預期外的機會和麻煩，把自己的工作視為善用每一次意外，並找到方法來解決混亂，即使他們原本以為不太可能發生——但現實就是毫不留情。

第二種方法與貝琪・瑪吉奧塔在百萬家園運動中使用的時代廣場法相呼應——**在做大之前先把原型做對（或至少減少錯誤）**。史宗瑋的 Hearsay 團隊「決定先向一個較小的群體推出，然後再向公眾開放，這使我們能在製造更大的混亂之前，先練習清理較小的混亂」。

第三種方法，也是最後一種，史宗瑋**指定由某些團隊成員來清理混亂，比如「即時修復漏洞」，再指派其他工程師專注於開發新功能和其他有前景的解決方案**。史宗瑋解釋說：「在計算機科學中，我們稱之為『關注點分離』（separation of concerns），因為負責清理的人可以專注於混亂，而其他工程師可以將精力投入到想像什麼可能會如預期般順利進行。」

就像我們在《摩擦計畫》中學到的許多其他領導者一樣，史宗瑋主動負責，讓正確的事情變得更容易，讓錯誤的事情變得更困難。她表現得就好像幫忙策畫針對公司的麻煩、機會和特質量身打造的解決方案，就是她的責任。除了自己這樣做，一路上也吸引其他人加入她的行列，史宗瑋相信，她能打造出更好的公司，員工和客戶也會過得更好。

這就是成為摩擦修復師所需要的。

致謝

在打造《摩擦計畫》的漫長旅程中，有許多人為我們提供了幫助。這段為期七年的冒險之旅，是由數百人的建議、問題和批評而引發、塑造和滋養的，其中包括學生、同事、親朋好友，以及來自各行各業組織的摩擦修復師。感謝你們每一位。對於未能在此全數提及，也表示歉意。沒有你們，我們不可能寫出這本書。

第一個要感謝的就是我們優秀的學術同事。Rebecca Hinds 在這趟冒險的每個階段都扮演了關鍵角色。她最早是以史丹佛大學研究生的身分擔任我們的研究助理，後來又成為多篇文章的合著者，在完成博士學位後，她擔任亞薩那工作創新實驗室的負責人，帶領開發摩擦修復的干預措施，包括「會議重置」和「協作清理」。感謝 Rebecca 在這段漫長且時而艱難的旅程中，給予的溫暖、鼓勵、想像和不懈的努力。

我們還要感謝 Greylock 創投家、Code for America 董事會主席 John Lilly 和 WndrCo 創辦人 Sujay Jaswa。感謝他們關於摩擦的智慧，特別是與拉奧一起教授史丹佛商研所的課程「人員經營：從初創到規模化」時。拉奧也要感謝 VISA 前人力資源長 Michael Ross 和 Google 人員分析前副總裁 Prasad Setty，在史丹佛商研所共同教授「工作世界的顛覆：新創公司假設實驗室」時，提供關於摩擦的見解。

感謝多年來不斷支持我們的史丹佛大學同事，包括 Steve Barley、Tom Byers、Peter Glynn、Lindy Greer、David Kelley、Perry Klebahn、Laura McBain、Maggie Neale、Charles O'Reilly III、Jeffrey Pfeffer、Bernie Roth、Lisa Solomon、Sarah Stein Greenberg、Tina Seelig、Sarah Soule、Baba Shiv、Jeremy Utley、Kathryn Velcich，以及 Melissa Valentine。蘇頓要感謝 Pamela Hinds（史丹佛大學管理科學與工程系系主任）與 Jennifer Widom（史丹佛工程學院院長），感謝他們的支持、幽默，以及對他的怪癖和缺點的寬容。拉奧要感謝史丹佛商研所院長 Jonathan Levin 和資深副院長 Amit Seru 的鼓勵與支持。

感謝史丹佛商研所的 Davina Drabkin、David Hoyt 和 Julie Makinen 為我們在本書中引用的許多案例進行了寫作和研究——他們個個都是大師，和他們合作十分愉快。也要感謝他們在商研所的同事，包括 Mehrdad Azim 和 Justin Willow，協助製作這些多媒體案例。還要感謝 Stanford Technology Ventures Program 充滿活力的團隊，他們在二〇一六年和二〇一七年製作了兩季《摩擦》Podcast，特別是 Matt Harvey、Asher Julkowski、Ali Rico、Eli Shell 和 Ryan Shiba。感謝史丹佛大學專業發展中心的 Owen

Modeste、Ronie Shilo 和 Robyn Woodman，支持我們關於學習和教導領導力、規模化和摩擦的各種未盡周詳的想法——特別是二〇二二年和二〇二三年的 The Fixers 網路研討會（一度取名為 The Shitfixers）。蘇頓感謝史丹佛大學管理科學與工程系敬業行政人員的支持，包括 Lori Cottle、Jim Fabry、Sarah Michaelis 和偉大的資訊科技大師 Tim Keely。拉奧特別感謝 Tina Bernard 和 Jeannine William，他們都是卓越的化身。

感謝許多以前和現在的史丹佛大學學生，以各種方式支持和教導我們，包括 Sarah Alexander、Deirdre Crude、Bob Eberhart、Liz Gerber、Olivia Hallisey、Paul Leonardi、Steven Li、Katharina Lix、Joachim Lyon、Govind Manian、Danielle Pensack、Olivia Rosenthal、Jeff Spight, Ryan Stice-Lusvardi、Bobbi Thomason、Monica Tsien、Elizabeth Woodson、Ron Tidhar，以及 Joe Tobin。

在史丹佛大學之外，也有許多同事對我們的想法產生關鍵影響。亞當・格蘭特（華頓商學院）總是不吝支持，不過我們沒有把這本書命名為《The Shitfixers》，希望他能見諒。每當我們需要靈感、介紹或情感支持時，永遠可以倚靠 Rob Cross（巴布森學院）、Jerry Davis（密西根大學）、Katy DeCelles（羅特曼管理學院）、Amy Edmondson（哈佛商學院）、Leidy Klotz（維吉尼亞大學）、Rita McGrath（哥倫比亞商學院）、Christine Porath（喬治城大學）和 Tsedal Neeley（哈佛商學院）。蘇頓要特別感謝他已故的恩師兼論文指導教授 Robert L. Kahn，這位活到百歲的長者，是優雅老去又生產不輟地的典範，感謝他的溫暖、智慧和堅定不移的支持。

本書的研究和寫作，少不了與那些面臨並設法解決各種摩擦問題的主管、技術人員、顧問、作家和顧問，進行不斷的對話。至少有數百人，甚至是數千人，謹對未能在此列出的人表示歉意。我們要感謝 Jennifer Anastasoff（Tech Talent Project 執行總監）、Michael Arena（通用汽車前人才長）、Safi Bahcall（《高勝率創新》作者）、Michael Brennan（公民村執行長）、Shona Brown（Google 前執行副總裁）、Ed Catmull（皮克斯前總裁）、Amy Coleman（微軟公司副總裁）、Michael Dearing（Harrison Metal 創辦人）、Karen Dillon（《微壓力》合著者）、Irina Egorova（Teamraderie 共同創辦人）、V. R. Fersoe（SAP 資深副總裁）、Kaye Foster（嬌生和 Onyx 顧問、董事會成員兼前人力資源主管）、Carl Liebert（24-Hour Fitness、家得寶及 USAA 等公司的資深主管）、Ben Horowitz（Andreessen Horowitz 共同創辦人）、Drew Houston（Dropbox 執行長）、Becky Margiotta（Billions Institute 共同創辦人兼總裁）、Joe McCannon（十億研究所共同創辦人）、Michael McCarroll（Teamraderie 執行長）、Lenny Mendonca（加州前首席經濟和商業顧問、Half Moon Bay Brewing Company 老闆）、Shantanu Narayen（Adobe 執行長）、Josh Nicholls（微

軟）、Thuan Pham（Uber 前技術長）、Joel Podolny（Honor Education 執行長）、Dominic Price（Atlassian）、Diego Rodriguez（IDEO 前合夥人、Intuit 高階主管）、David Sanford（Hypothesis Fund 執行長）、Adam Selzer（Civilla 共同創辦人）、Lena Selzer（Civilla 共同創辦人）、Bonny Simi（Joby Aviation 空中營運與人員總監）、Peter Sims（Black Sheep 創辦人兼執行長）、Kim Scott（《徹底坦率》作者）、史宗瑋（Salesforce AI 執行長）、Beth Steinberg（Chime 人事長）、Deb Stern（非凡的公關）、Pushkala Subramaniam（阿斯特捷利康前副總裁）、Ben Wigert（蓋洛普研究與策略總監），以及 Chris Yeh（《閃電擴張》合著者、全能創意人）。

我們也要感謝 Bright Sight 的 Tom Neilssen 和 Les Tuerk，與我們合作安排研討會和演講，這些有助於我們發展關於摩擦和許多其他問題的想法。蘇頓也感謝 Charlotte Perman、Sondra Ulin 和 Daria Wagganer 幫忙安排他的演講活動。

如果沒有我們不懈又務實的作家經紀人 Christy Fletcher 當我們的嚮導、朋友和後盾，這本書不可能從粗略的想法、提案到完稿的整個過程中倖存下來。我們感謝她在 Fletcher & Company 的同事提供卓越的支持，該公司現已併入 United Talent Agency。Sarah Fuentes 編輯了我們圖書提案的多個版本——她修補了其中的語言和邏輯，並提出一針見血的問題。我們也感謝 Christy 才華橫溢的同事提供的協助，包括 Melissa

Chinchillo、Victoria Hobbs 和 Yona Levin。

St. Martin's Press 的編輯 Tim Bartlett 擁有非凡的技巧和耐心。他是我們合作過的編輯中最善於發現和解決大問題，同時又能對單字和句子進行細微修改，使讀者能平順地閱讀。感謝他容忍我們的怪癖、擔憂、嘮叨和偶爾的暴躁。我們也要感謝 Kevin Reilly 幫助我們產出並改善這份手稿，並在 St. Martin's 的製作過程中不斷照看。感謝 Laura Clark 關於如何讓人注意與購買這本書，並將這些想法應用到職場的明智建言。

蘇頓要向他三個已成年的孩子 Tyler、Claire 和 Eve 表達自己的愛，因為他們忍受了父親對又一本書的沉迷——並給予了如此多的鼓勵，儘管在他們看來，他是一個怪人，總是長時間地把自己關在車庫裡。拉奧感謝他的兄弟 Sandila 和 Bhargava，謝謝他們如此大方地幫忙照顧老人家並減少所有人的摩擦。

最後，如果沒有我們充滿愛心且（通常）耐心的妻子 Marina 和 Sadhna，《摩擦計畫》永遠無法寫成。在這趟漫長冒險的每一次曲折中，她們都是不那麼沉默的夥伴。這兩位傑出的女士給了我們關懷和鼓勵，保護我們免受打擾，教導我們生活中應該困難和容易的事情。我們在為這本書收尾時，Marina 給了我們寶貴的建議，改善了幾乎每一頁的語言。謹將這本書獻給這兩位技藝高超又充滿愛心的摩擦修復師。

教學相長

親愛的讀者，

《摩擦計畫》的出版，是我們在探索人們如何在組織中讓正確的事情變得更容易、讓錯誤的事情變得更困難的學習旅程中的重要里程碑。但這並不是結束。誠摯邀請你加入我們，繼續這場冒險。請告訴我們，你在解決職場摩擦問題方面學到的經驗教訓，分享你關於摩擦修復師如何行使技藝的故事、研究和想法。我們很樂意聽到你的問題和回饋。你可以透過 bob@bobsutton.net 與我們聯繫。請注意，如果你寄來自己的故事、評論或觀察，即表示你允許我們將其運用在我們所寫和所說的內容中，但我們保證不會透露你的姓名，除非你明確許可。

請造訪我們的網站 bobsutton.net 和 humgyrao.com，在這些地方可以讀到我們最近學到的知識和正煩惱的議題。你可以在 X 上追蹤 Sutton（@work_matters）和 Rao（@huggyrao）。也可以在 LinkedIn 上追蹤 Sutton（linkedin.com/in/bobsutton1/）和 Rao（linkedin.com/in/hayagreevarao/）並建立關係。

誠摯感謝，期待你的來信，讓我們一起繼續摩擦計畫。

羅伯・蘇頓
哈吉・拉奧
史丹佛大學

參考文獻

前言　爲什麼摩擦有好有壞，以及如何修復摩擦？

1. 共 1,266 字的電子郵件：這封電子郵件是由史丹佛大學副教務長兼研究部主任 Kathyrn Ann Moler 於 2021 年 1 月 25 日發送給「全體大學終身教職人員」（包括本書兩位作者），標題爲〈有關教職人員對新學院提供意見的更多詳細訊息〉。
2. 一份多達 42 頁："Project Re:form: Removing Barriers to Benefits by Transforming the Longest Assistance Application in America," Civilla, https://civilla.org/work/project-reform-case-study.
3. 一年 30 萬小時：Marcus Buckingham and Ashley Goodall, "Re-inventing Performance Management," *Harvard Business Review* 93, no. 4 (2015): 40–50.
4. 「會議重設」工具：Rebecca Hinds and Robert I. Sutton, "Meeting Overload Is a Fixable Problem," *Harvard Business Review*, October 28, 2022, https://hbr.org/2022/10/meeting-overload-is-a-fixable-problem.
5. 「Alexa，你可以和我一起玩娃娃屋嗎？」：Jennifer Earl, "6-Year-Old Orders $160 Dollhouse, 4 Pounds of Cookies with Amazon's Echo Dot," CBS News, January 5, 2017, www.cbsnews.com/news/6-year-old-brooke-neitzel-orders-dollhouse-cookies-with-amazon-echo-dot-alexa/.
6. Google Glass 原型：Nick Bilton, "Why Google Glass Broke," *New York Times*, February 4, 2015, www.nytimes.com/2015/02/05/style/why-google-glass-broke.html.
7. 艾德認爲：艾德·卡特莫爾與兩位作者的私人交流，2022 年 7 月 6 日。
8. 「機械官僚主義」：Barry Bozeman and Jan Youtie, "Robotic Bureaucracy: Administrative Burden and Red Tape in University Research," *Public Administration Review* 80, no. 1 (2020): 157–62.
9. 珍寶的領導人發現：Adita Bora, "Dutch Supermarket Introduces Unique Slow Checkout Lane for Lonely Seniors Who Want to Have a Chat," *Upworthy*, December 9, 2022, https://scoop.upworthy.com/dutch-supermarket-introduces-a-unique-slow-checkout-lane-to-help-fight-loneliness.
10. 「辛勞會帶來愛」：Michael I. Norton, Daniel Mochon, and Dan Ariely, "The IKEA Effect: When Labor Leads to Love," *Journal of Consumer Psychology*22, no. 3 (2012): 453–60.

11. 彼得·杜拉克說的似乎沒錯：David J. Hickson and Derek S. Pugh, *Great Writers on Organizations: The Third Omnibus Edition* (Aldershot, UK: Gower, 2012), 163.

序章　我們的摩擦計畫

1. 追蹤了一家軟體大公司的近2,000支敏捷團隊：Rebecca Hinds and Hayagreeva Rao, "Core Teams in Multiteam Systems: An Observational Study of Performance," working paper, Graduate School of Business, Stanford University, 2019.
2. 「新創企業的預先協議」：Andrea Freund et al., "Enabling Success or Cementing Failure: When and Why Team Charters Help or Hurt Team Performance," working paper, Graduate School of Business, Stanford University, 2021.
3. 阿斯特捷利康省下200萬小時：Hayagreeva Rao and Julie Makinen, "AstraZeneca: Scaling Simplification," case HR45 (Stanford, Calif.: Stanford Graduate School of Business, 2017), www.gsb.stanford.edu/faculty-research/case-studies/astrazeneca-scaling-simplification.
4. 必和必拓的新任執行長：Robert I. Sutton, "The CEO Who Led a Turnaround Wearing a Helmet," *Harvard Business Review*, November 22, 2013, https://hbr.org/2013/11/the-ceo-who-led-a-turnaround-without-wearing-a-helmet.
5. Uber陷入大麻煩：Hayagreeva Rao, Robert I. Sutton, and Julie Makinen, *Uber: Repaying Technical and Organizational Debt* (Stanford, Calif.: Stanford Graduate School of Business, 2018).
6. 〈老闆如何浪費員工時間〉：Robert I. Sutton, "How Bosses Waste Their Employees' Time," *Wall Street Journal*, August 12, 2018, www.wsj.com/articles/how-bosses-waste-their-employees-time-1534126140.
7. 〈團隊太多，老闆太多〉：Robert I. Sutton and Ben Wigert, "Too Many Teams, Too Many Bosses: Overcoming Matrix Madness," Gallup.com, October 19, 2021, www.gallup.com/workplace/354935/teams-bosses-overcoming-matrix-madness.aspx.
8. 〈我們的待辦事項清單不能無限增長，該嘗試減法的時候了〉：Leidy Klotz and Robert I. Sutton, "Our To-Do Lists Can't Grow Forever. It's Time to Try Subtraction," *Times Higher Education*, March 24, 2022, www.timeshighereducation.com/blog/our-do-lists-cant-grow-forever-its-time-try-subtraction.
9. 〈爲什麼工作變得不可能完成〉：Bob Sutton, "Why Your Job Is Becoming Impossible to Do: The Tragedy of Well-Intentioned Organizational Overload," LinkedIn, December 17,

2015, www.linkedin.com/pulse/why-your-job-becoming-impossible-do-tragedy-overload-bob-sutton/.
10. 〈如何結束一場會議？〉：Bob Sutton, "How Do You End a Meeting? Netflix's HR Rebel Asks Two Simple Questions," LinkedIn, February 10, 2015, www.linkedin.com/pulse/how-do-you-end-meeting-netflixs-hr-rebel-asks-two-simple-bob-sutton/.
11. 〈會議超載是一個可以解決的問題〉：Rebecca Hinds and Robert I. Sutton, "Meeting Overload Is a Fixable Problem," *Harvard Business Review*, October 28, 2022, https://hbr.org/2022/10/meeting-overload-is-a-fixable-problem.
12. 《帕金森定律》：C. Northcote Parkinson, *Parkinson's Law* (London: Murray, 1957).
13. 《人月神話》：Frederick P. Brooks, Jr., *The Mythical Man-Month*, anniversary ed. (White Plains, N.Y.: Addison-Wesley Professional, 1995).
14. 《淤泥效應》：Cass R. Sunstein, *Sludge: What Stops Us from Getting Things Done and What to Do About It* (Cambridge, Mass.: MIT Press, 2021).
15. 《行政負擔》：Pamela Herd and Donald P. Moynihan, *Administrative Burden: Policymaking by Other Means* (New York: Russell Sage Foundation, 2019).
16. 《減法的力量》：Leidy Klotz, *Subtract: The Untapped Science of Less* (New York: Flatiron Books, 2021).
17. 「減半規則」：Klotz and Sutton. "Our To-Do Lists."
18. 《摩擦的必要性》：Nordal Åkerman, *The Necessity of Friction* (New York: Routledge, 2018).
19. 「摩擦宣言」：Huggy Rao and Kate Larson, "Friction: A Manifesto," Filene, June 15, 2020, https://filene.org/learn-something/reports/friction-a-manifesto.
20. 索爾．古都斯和伊麗莎白．伍德森：Robert I. Sutton and David Hoyt, "Better Service, Faster: A Design Thinking Case Study," *Harvard Business Review*, January 6, 2016, https://hbr.org/2016/01/better-service-faster-a-design-thinking-case-study.
21. 以亞當的說法：根據我們與亞當和莉娜．塞爾澤夫婦的視訊訪談，2022年3月16日。
22. 改革表格計畫："Project Re:form."
23. Podcast節目《摩擦》：Bob Sutton, *Friction Podcast on Organizational Culture*, https://ecorner.stanford.edu/series/friction/.
24. 《精實創業》：Eric Reis, *The Lean Startup* (New York: Crown Business, 2011).
25. 43%的時間：Krisda H. Chaiyachati et al., "Assessment of In-patient Time Allocation Among First-Year Internal Medicine Residents Using Time-Motion Observations," *JAMA Internal Medicine* 179, no. 6 (2019): 760–67.
26. 「擺脫蠢事」計畫：Melinda Ashton, "Getting Rid of Stupid Stuff," *New England Journal*

of *Medicine* 379, no. 19 (2018): 1789–91.

27. 《快思慢想》：Daniel Kahneman, *Thinking, Fast and Slow* (New York: Macmillan, 2011).
28. 位智創辦人：Noam Bardin, "What's a Start-Up CEO's Real Job?" LinkedIn, January 3, 2015, www.linkedin.com/pulse/what-early-stage-startup-ceos-real-job-noam-bardin/.
29. 《惡血》：John Carreyrou, *Bad Blood* (Paris: Larousse, 2019).
30. 克兒特．卡洛斯特曼范．愛德："Dutch Market Introduces a Chat Checkout Lane for Seniors to Combat Loneliness," *La Voce di New York*, January 24, 2023, https://lavocedinewyork.com/en/lifestyles/2023/01/24/dutch-market-introduces-a-chat-checkout-lane-for-seniors-to-combat-loneliness/.
31. 人類喜歡加法而不是減法的傾向：Gabrielle S. Adams et al., "People Systematically Overlook Subtractive Changes," *Nature* 592, no. 7853 (2021): 258–61.
32. 「這地方屬於我，我也屬於這地方」：Robert I. Sutton and Hayagreeva Rao, *Scaling Up Excellence: Getting to More Without Settling for Less* (New York: Random House, 2016), 144.

第 1 章　他人時間的受託人

1. 〈簡潔〉備忘錄：Laura Cowdrey, "Churchill's Call for Brevity," National Archives, October 17, 2013.
2. 「會議末日降臨」：Rebecca Hinds and Bob Sutton, "Dropbox's Secret for Saving Time in Meetings," *Inc.*, March 11, 2015, www.inc.com/rebecca-hinds-and-bob-sutton/dropbox-secret-for-saving-time-in-meetings.html.
3. 羅門哈斯公司：Elena Lytinkia Botelho and Sanja Kos, "Unexpected Companies Produce Some of the Best CEOs," *Harvard Business Review*, January 10, 2022, https://hbr.org/2020/01/unexpected-companies-produce-some-of-the-best-ceos.
4. 瑪卡瑞娜．葛西亞博士：Macarena C. García et al., "Declines in Opioid Prescribing after a Private Insurer Policy Change—Massachusetts, 2011–2015," *Morbidity and Mortality Weekly Report* 65, no. 41 (2016): 1125–31.
5. 體制改革：For example, see State of California, Department of Motor Vehicles, "Improving the Department of Motor Vehicles," Work Action Plans, April 23, 2019, https://htv-prod-media.s3.amazonaws.com/files/improving-the-department-of-motor-vehicles-final-042319-1-1557879964.pdf.
6. 大衛．凱雷：對 IDEO 的這些觀察結果，是根據羅伯．蘇頓和安德魯．哈格頓

（Andrew Hargadon）在 1995 年和 1996 年間，對 IDEO 爲期 18 個月的民族誌調查。蘇頓和哈格頓在這段期間，平均每週在 IDEO 待兩天，參與了許多會議及腦力激盪時段（包括至少 30 場週一早會），並與公司大多數成員進行非正式對話和半結構化訪談。蘇頓參加了此處描述的會議，並在會議開始前和結束後與凱雷交談。1997 年至 2017 年，蘇頓以 IDEO 研究員的身分，繼續研究該公司的人員、文化和設計。

7. 「我成年後的絕大部分時間」：Becky Margiotta, "I've Spent My Life Unf—king Problems," *Got Your Six*, November 11, 2014, www.youtube.com/watch?v=1H-4x-gj_8s.
8. 10 萬家園運動：Sarah Soule et al., "The 100,000 Homes Campaign," case L30 (Stanford Calif.: Stanford Graduate School of Business, 2016), www.gsb.stanford.edu/faculty-research/case-studies/100000-homes-campaign.
9. 「巧言陷阱」：Jeffrey Pfeffer and Robert I. Sutton, "The Smart-Talk Trap," *Harvard Business Review* 77, no. 3 (1999): 135–36.
10. 「厲害但殘酷」效應：Teresa M. Amabile, "Brilliant but Cruel: Perceptions of Negative Evaluators," *Journal of Experimental Social Psychology* 1, no. 2 (1983): 146–56.
11. 亞當告訴我們：根據我們與亞當和莉娜．塞爾澤夫婦的視訊訪談，2022 年 3 月 16 日。
12. 「改革表格計畫」："Project Re:form."
13. 效率低下和品質問題叢生：Nelson P. Repenning and John D. Sterman, "Nobody Ever Gets Credit for Fixing Problems That Never Happened: Creating and Sustaining Process Improvement," *California Management Review* 43, no. 4 (2001): 64–88.
14. 波音 737 MAX 噴射機墜毀：Chris Hamby, "How Boeing's Responsibility in a Deadly Crash 'Got Buried,'" *New York Times*, January 20, 2020, www.nytimes.com/2020/01/20/business/boeing-737-accidents.html; Natalie Kitroeff, "Boeing Employees Mocked F.A.A. and 'Clowns' Who Designed 737 Max," *New York Times*, January 29, 2020, www.nytimes.com/2020/01/09/business/boeing-737-messages.html?action=click&module=RelatedCoverage&pgtype=Article&region=Footer; David Gelles, "Boeing Expects 737 Max Costs Will Surpass $18 Billion," *New York Times*, July 15, 2020, www.nytimes.com/2020/01/29/business/boeing-737-max-costs.html.
15. 艾德．皮爾森："Is It Safe to Speak Up?" *WorkLife with Adam Grant* (podcast), July 20, 2021, www.ted.com/podcasts/worklife/is-it-safe-to-speak-up-at-work-transcript.
16. 「缺乏心理安全感如何導致災難的教科書案例」：Amy Edmondson, "Boeing and the Importance of Encouraging Employees to Speak Up," *Harvard Business Review*, May 4, 2019, https://hbr.org/2019/05/boeing-and-the-importance-of-encouraging-employees-to-speak-up.
17. 一位管理者解釋說：Repenning and Sterman, "Nobody Ever Gets Credit," 82.

18. 安妮塔．塔克和艾美．艾德蒙森：Anita L. Tucker and Amy C. Edmondson, "Why Hospitals Don't Learn from Failures: Organizational and Psychological Dynamics That Inhibit System Change," *California Management Review* 45, no. 2 (2003): 55–72.
19. 「我在危機之下完成了專案」：Repenning and Sterman, "Nobody Ever Gets Credit," 81.
20. 擁護呼求：Andrew Russell and Lee Vinsel, "Let's Get Excited About Maintenance!" *New York Times*, July 22, 2017, www.nytimes.com/2017/07/22/opinion/sunday/lets-get-excited-about-maintenance.html.
21. 米勒．拉德曼．尤克雷斯：Jillian Steinhauer, "How Mierle Laderman Ukeles Turned Maintenance Work into Art," *Hyperallergic*, February 10, 2017, https:// hyperallergic.com/355255/how-mierle-laderman-ukeles-turned-maintenance-work-into-art/.
22. 「眞正的驕傲」：See Jessica L. Tracy and Richard W. Robins. "Emerging Insights into the Nature and Function of Pride," *Current Directions in Psychological Science* 16, no. 3 (2007): 147–50; Eric Mercadante, Zachary Witkower, and Jessica L. Tracy, "The Psychological Structure, Social Consequences, Function, and Expression of Pride Experiences," *Current Opinion in Behavioral Sciences*39 (2021): 130–35.
23. 達爾文：Charles Darwin: Tracy and Robins, "Emerging Insights," 147.

第2章　摩擦鑑識

1. 「宜家效應」：Michael I. Norton, Daniel Mochon, and Dan Ariely, "The IKEA Effect: When Labor Leads to Love," *Journal of Consumer Psychology* 22, no. 3 (2012): 453–60.
2. 「直視摩擦，還帶著笑意」：Dina Chaiffetz, "3 Ways Friction Can Improve Your UX," invision, www.invisionapp.com/inside-design/3-ways-friction-can-improve-your-ux/.
3. 「預先安檢」計畫：Sunstein, *Sludge*, 14–15.
4. 「從別人的錯誤中學習」：”You Must Learn from the Mistakes of Others. You Will Never Live Long Enough to Make Them All Yourself," Quote Investigator, September 18, 2018, https://quoteinvestigator.com/2018/09/18/live-long/.
5. 先行者優勢：See, for example, Fernando Suarez and Gianvito Lanzolla, "The Half-Truth of First-Mover Advantage," *Harvard Business Review*, 2005; Marvin B. Lieberman and David B. Montgomery, "Conundra and Progress: Research on Entry Order and Performance," *Long Range Planning* 46, no. 4–5 (2013): 312–24; Elena Vidal and Will Mitchell, "When Do First Entrants Become First Survivors?" *Long Range Planning* 46, no. 4–5 (2013): 335–47.
6. 針對瑞典烹飪節目：Ali Ahmed, "Don't Be First! An Empirical Test of the First-Mover

Disadvantage Hypothesis in a Culinary Game Show," *Social Sciences & Humanities Open* 1, no. 1 (2019): 100004. 請注意，獲勝者總數加起來不到 100%，因爲這些是「唯一獲勝者」；與一名或多名選手並列第一的獲勝選手已排除。
7. 如果你想扼殺創造力：Teresa M. Amabile, *How to Kill Creativity* (Boston: Harvard Business School, 1998).
8. 傑瑞・宋飛：Daniel McGinn, "Life's Work: An Interview with Jerry Seinfeld," *Harvard Business Review* 95, no. 1 (2017): 172.
9. 拉茲洛・博克：這則關於 Google 的小故事，是根據羅伯・蘇頓和拉茲洛・博克於 2022 年 8 月 27 日的電子郵件交流。也收錄於 Robert I. Sutton, "Why Bosses Should Ask Employees to Do Less—Not More," *Wall Street Journal*, September 25, 2022, www.wsj.com/articles/bosses-staff-employees-less-work-11663790432。
10. 42 名急診科醫生：Jillian A. Berry Jaeker and Anita L. Tucker, "The Value of Process Friction: The Role of Justification in Reducing Medical Costs," *Journal of Operations Management* 66, no. 1–2 (2020): 12–34.
11. 馬克・祖克柏在 2011 年誇口說：Robert Hof, "LIVE with Mark Zuckerberg at F8: Facebook Is Your Life," *Forbes*, September 22, 2011, www.forbes.com/sites/roberthof/2011/09/22/live-with-mark-zuckerberg-at-facebook-f8/?sh=3d3e9ed4432e.
12. 「公民破壞者」：U.S. Office of Strategic Services, *Simple Sabotage Field Manual* (1944; repr., New York: HarperOne, 2015).
13. darkpatterns.org：Harry Brignull, "Types of Deceptive Design," www.deceptive. design/types. 請注意，此網站名稱於 2022 年底由 darkpatterns 改爲 deceptive.design。
14. 社論〈停止操縱機器〉：Greg Bensinger, "Stopping the Manipulation Machines," *New York Times*, April 21, 2021, www.nytimes.com/2021/04/30/opinion/dark-pattern-internet-ecommerce-regulation.html.
15. 經歷的磨難：Nir Eyal, "The New York Times Uses the Very Dark Patterns It Derides," Nir and Far, www.nirandfar.com/cancel-new-york-times/.
16. 加州新法：Amanda Beane et al., "California Passes Updated Automatic Renewal Law," *Consumer Protection Review*, November 21,2021, www.consumerprotectionreview.com/2021/11/california-passes-updated-automatic-renewal-law/.
17. 艾瑞克告訴我們：與艾瑞・科爾森的私人交流，2022 年 3 月 21 日。
18. 珮蒂認爲：與珮蒂・麥寇德的私人交流，2022 年 3 月 19 日。
19. 「快速名單」：Patrick Collison, "Some Examples of People Quickly Accomplishing Ambitious Things Together," https://patrickcollison.com/fast.
20. 已故的迪伊・霍克所說的：Dee Hock, *One from Many: Visa and the Rise of Chaordic*

Organization, 2nd ed. (Oakland, Calif.: Berrett-Koehler, 2005).
21. 三十九億張：”Visa Fact Sheet,” Visa.com, https://usa.visa.com/dam/VCOM/global/about-visa/documents/aboutvisafactsheet.pdf.
22. 最精銳的戰隊：Hayagreeva Rao, Carter Bowen, and Gib Lopez, “Navy SEALs: Selecting and Training for an Elite Fighting Force,” case HR40 (Stanford, Calif: Stanford Graduate School of Business, 2014).

第 3 章　摩擦修復師如何工作

1. 認知行爲療法：亞倫．貝克一生撰寫並與人合著了 25 本書與 600 多篇文章，其中大部分是關於認知行爲療法的要素。他女兒的書中對這種療法做了精要的總結，Judith S. Beck, *Cognitive Behavior Therapy: Basics and Beyond* (New York: Guilford, 2020)。
2. 魯瑪娜．賈賓：羅伯．蘇頓與魯瑪娜．賈賓的私人交流，這些討論發生在 2021 年 4 月至 8 月間。
3. 六項相互交織的研究：Emma Bruehlman-Senecal and Özlem Ayduk, “This Too Shall Pass: Temporal Distance and the Regulation of Emotional Distress,” *Journal of Personality and Social Psychology* 108, no. 2 (2015): 356.
4. 《幽默》：Humor, Seriously: Jennifer Aaker and Naomi Bagdonas, *Humor, Seriously: Why Humor Is a Secret Weapon in Business and Life (and How Anyone Can Harness It. Even You)* (New York: Crown Currency, 2021).
5. 「職場正義魔人」：Katy DeCelles and Karl Aquino, “Vigilantes at Work: Examining the Frequency of Dark Knight Employees,” SSRN, April 30, 2017, https://papers.ssrn.com/sol3/papers.cfm?abstract_id=2960941.
6. 「偷了衛生紙」：Alexander Alonso, “The High Price of Pettiness at Work,” *HR Magazine*, September 4, 2019, www.shrm.org/hr-today/news/hr-magazine/fall2019/pages/the-high-price-of-pettiness-at-work.aspx.
7. 「申請許可證」文件：Heather Knight, “S.F.’s Building Department Is a Mess. It’s No Wonder Pay-to-Play Rules the Day,” *San Francisco Chronicle*, December 12, 2020, www.sfchronicle.com/bayarea/heatherknight/article/The-S-F-building-department-is-a-mess-Its-ties-15796068.php.
8. 花光了錢又看不到希望：”He Spent $200,000 Trying to Open an S.F. Ice Cream Shop, but Was No Match for City Bureaucracy,” *San Francisco Chronicle*, April 21, 2021, www.sfchronicle.com/local/heatherknight/article/S-F-ice-cream-shop-hopeful-sees-dreams-

melted-by-16116082.php.

9. 新進人員研究：W. Brad Johnson and Gene R. Andersen, "Mentoring in the US Navy: Experiences and Attitudes of Senior Navy Personnel," *Naval War College Review* 68, no. 3 (2015): 76–90.

10. 《行動中的組織》：James D. Thompson, *Organizations in Action: Social Science Bases of Administrative Theory* (1967; repr., New York: Routledge, 2017).

11. 「半開玩笑地將管理者定義爲」：Henry Mintzberg, "The Manager's Job: Folklore and Fact," *Harvard Business Review* 53, no. 4 (1975).

12. 「擋屎傘」：Matt J. Davidson, "Shit Umbrella," *Matt J. Davidson Blog*, June 9, 2018, https://mattjdavidson.github.io/shit-umbrella/.

13. 艾德和匠白光「拯救了我們的工作」：Bob Sutton, "Real Heroes at Pixar: When Leaders Serve as Human Shields," LinkedIn, December 18, 2013, www.linkedin.com/pulse/20131218225944-15893932-real-heroes-at-pixar-when-leaders-serve-as-human-shields/.

14. 「櫃檯後的惡龍」：Sara Arber and Lucianne Sawyer, "The Role of the Receptionist in General Practice: A 'Dragon Behind the Desk'?" *Social Science & Medicine* 20, no. 9 (1985): 911–21.

15. 「炮火捕手」：Paul G. Friedman, "Hassle Handling: Front-Line Diplomacy in the Work-Place," *ABCA Bulletin* 47, no. 1 (1984): 30–34.

16. 「航班起飛前的爭吵」：Katherine A. DeCelles et al., "Helping to Reduce Fights Before Flights: How Environmental Stressors in Organizations Shape Customer Emotions and Customer–Employee Interactions," *Personnel Psychology* 72, no. 1 (2019): 49–80.

17. 喬許．尼科爾斯：喬許．尼科爾斯與羅伯．蘇頓之間的私人交流，2022 年 7 月 18 日。

18. LaunchPad 課程：此描述是根據我們多年來與佩里．克萊本（Perry Klebahn，他於 2010 年共同創立了 LaunchPad 課程）的對話，以及這些年來的多次課堂觀摩。此外，佩里．克萊本和傑瑞米．厄特利的 2022 年春季授課，蘇頓幾乎旁觀了所有課程，而且只要有機會就幫忙教學和輔導。LaunchPad 網站詳細介紹了這門課程的歷史、設計和原則：www.LaunchPad.stanford.edu/#what-is-LaunchPad.

19. LaunchPad 的結業生葛蕾塔．梅爾：根據我們對葛蕾塔．梅爾的視訊訪談，2022 年 4 月 14 日。

20. 解雇了各個業務部門的總經理：Joel M. Podolny and Morten T. Hansen, "How Apple Is Organized for Innovation," *Harvard Business Review* 98, no. 6 (2020): 86–95.

21. 「百萬小時運動」：Hayagreeva Rao and Julie Makinen, "AstraZeneca: Scaling Simplification," case HR45 (Stanford, Calif.: Stanford Graduate School of Business, 2017), www.gsb.

stanford.edu/faculty-research/case-studies/astrazeneca-scaling-simplification.

22. 一架 B-17 轟炸機：Walter J. Boyne, "The Checklist," *Air & Space Forces Magazine*, August 1, 2015, www.airandspaceforces.com/article/0813checklist/.
23. 「挽救十萬人命」運動：David Hoyt and Hayagreeva Rao, "Institute for Healthcare Improvement: The Campaign to Save 100,000 Lives," case L13 (Stanford, Calif.: Stanford Graduate School of Business, 2008), www.gsb.stanford.edu/faculty-research/case-studies/institute-healthcare-improvement-campaign-save-100000-lives.
24. 「演奏爵士樂」：Joe McCannon, Becky Margiotta, and Abigail Zier Alyesh, "Unleashing Large-Scale Change," *Stanford Social Innovation Review*, June 16, 2017, https://ssir.org/articles/entry/unleashing_large_scale_change#.
25. 預定內容的每日準備會議：Jillian Chown, "The Unfolding of Control Mechanisms Inside Organizations: Pathways of Customization and Transmutation," *Administrative Science Quarterly* 66, no. 3 (2021): 711–52.

第 4 章　不知人間疾苦的領導者

1. 策略師羅伯・克萊恩鮑姆：Frank Langfitt, "Thousands of GM Workers Get Company Cars, Gas," *Morning Edition*, National Public Radio, March 25, 2009, www.npr.org/2009/03/25/102316176/thousands-of-gm-workers-get-company-cars-gas.
2. 「免於不便」：John Amaechi, "What Is White Privilege?," BBC Bitesize, July 2020, www.bbc.co.uk/bitesize/articles/zrvkbqt.
3. 「湯姆・卡林沙克辦公室」：這封電子郵件是由 Tom Karinshak office 的 Rich P. 於 2021 年 5 月 3 日發送。之後又陸續來了幾封電子郵件，還有好幾位非常親切又熱忱的「個人用戶專員」來電，不但提供了快速周到的服務，還免除了一筆 125 美元的到府安裝服務費。
4. 排名墊底：Adrianne Jeffries, "The Worst Company in America," *Verge*, August 19, 2014, www.theverge.com/2014/8/19/6004131/comcast-the-worst-company-in-america.
5. 2022 年網路服務業者的「恐怖故事」：Jon Brodkin, "Comcast Debacles Dominate *Ars Technica*'sBiggest ISP Horror Stories of 2022," *Ars Technica*, December 28, 2022, https://arstechnica.com/tech-policy/2022/12/comcast-debacles-dominate-ars-technicas-biggest-isp-horror-stories-of-2022/.
6. 吉米・凱恩：Deborah Solomon, "The Bear Market: Questions for Alan C. Greenberg," *New York Times*, May 13, 2010, www.nytimes.com/2010/05/16/magazine/16fob-q4-t.html.

7. 理查· 福爾德：Larry McDonald and Patrick Robinson, *A Colossal Failure of Common Sense: The Incredible Inside Story of the Collapse of Lehman Brothers* (New York: Random House, 2009).
8. 「中心性謬誤」：Ron Westrum, "Social Intelligence About Hidden Events: Its Significance for Scientific Research and Social Policy," *Knowledge* 3, no. 3 (1982): 381–400.
9. （錯誤地）得出結論：Karl E. Weick, "Faith, Evidence, and Action: Better Guesses in an Unknowable World," *Organization Studies* 27, no. 11 (2006): 1723–36.
10. 代表沒這回事：出處同上，1723.
11. 領導者確實會懲罰那些承認：Erin Reid, "Why Some Men Pretend to Work 80-Hour Weeks," *Harvard Business Review*, April 28, 2015, https://hbr.org/2015/04/why-some-men-pretend-to-work-80-hour-weeks12101.
12. 自私：Dacher Keltner, *The Power Paradox: How We Gain and Lose Influence* (New York: Penguin, 2016).
13. 領導者很少注意到：James G. March, "Footnotes to Organizational Change," *Administrative Science Quarterly* (1981): 563–77.
14. 用力過猛：出處同上，563.
15. 每隔 20 或 30 秒：Lionel Tiger, "Dominance in Human Societies," *Annual Review of Ecology and Systematics* 1, no. 1 (1970): 287–306.
16. 還負擔了大部分的解讀工作：David Graeber, *The Utopia of Rules: On Technology, Stupidity, and the Secret Joys of Bureaucracy* (New York: Melville House, 2015), 81.
17. 研究 7-ELEVEN 公司時：See Robert I. Sutton and Anat Rafaeli, "Untangling the Relationship Between Displayed Emotions and Organizational Sales: The Case of Convenience Stores," *Academy of Management Journal* 31. no. 3 (1988): 461–87; Robert I. Sutton and Anat Rafaeli, "How We Untangled the Relationship Between Displayed Emotion and Organizational Sales: A Tale of Bickering and Optimism," *Doing Exemplary Research*, 1992, 115–28.
18. 「電子郵件緊迫性偏誤」：Laura M. Giurge and Vanessa K. Bohns, "You Don't Need to Answer Right Away! Receivers Overestimate How Quickly Senders Expect Responses to Non-urgent Work Emails," *Organizational Behavior and Human Decision Processes* 167 (2021): 114–28.
19. 共同創辦人卡勒姆·安德森：Megan Carnegie, "The Rise of the 15-Minute Meeting," *Wired*, March 5, 2022, www.wired.co.uk/article/15-minute-meeting-burnout.
20. 珮蒂·麥寇德：Sutton, "How Do You End a Meeting?"
21. 「對其提出『所有權』的行爲」：Urban Dictionary, August 30, 2013, s.v. "cookie

licking," www.urbandictionary.com/define.php?term=cookie%20licking.

22. 「微軟話術」：Steven Sinofsky, "Innovation Versus Shipping: The Cairo Project, "*Hardcore Software*, April 18, 2021, https://hardcoresoftware.learningbyshipping.com/p/020-innovation-versus-shipping-the.
23. 史蒂夫．巴利加入了一個委員會：這個故事最早發表在《華爾街日報》上；那時並沒提到史蒂夫．巴利（Steve Barley）的名字，在取得他的允許後我們在本書揭露他的姓名。Robert I. Sutton, "The Biggest Mistakes Bosses Make When Making Decisions—and How to Avoid Them," *Wall Street Journal*, October 29, 2018, www.wsj.com/articles/the-biggest-mistakes-bosses-make-when-making-decisionsand-how-to-avoid-them-1540865340.
24. 喬治．華盛頓之死：Howard Markel, "Dec. 14, 1799: The Excruciating Final Hours of President George Washington," *PBS News Hour*, December 14, 2014, www.pbs.org/newshour/health/dec-14-1799-excruciating-final-hours-president-george-washington.
25. 發明了 MBWA 這一詞：出自約翰．道爾的電子郵件，2019 年 10 月 29 日。
26. 18 個月的實驗：Anita L. Tucker and Sara J. Singer. "The Effectiveness of Management-by-Walking-Around: A Randomized Field Study," *Production and Operations Management* 24, no. 2 (2015): 253–71.
27. 「問題就像恐龍」：Wally Bock, "Leadership: Dinosaurs and Behavior," *Connection Culture Group*, June 30, 2018, www.connectionculture.com/post/leadership-dinosaurs-and-behavior-problems.
28. 「不良事件」：Tucker and Singer, "Effectiveness of Management-by-Walking-Around," 256.
29. 「好解決的優先處理法」：出處同上，255.
30. 霸占麥克風並打斷別人發言：Victoria L. Brescoll, "Who Takes the Floor and Why: Gender, Power, and Volubility in Organizations," *Administrative Science Quarterly* 56, no. 4 (2011): 622–41.
31. 丹．科克雷爾：這一段是根據丹．科克雷爾與羅伯．蘇頓於 2022 年 5 月 21 日的電子郵件交流，以及 Dan Cockerell, *How's the Culture in Your Kingdom? Lessons from a Disney Leadership Journey* (Garden City, NY: Morgan James, 2020)。
32. 115 名高階領導者：Tsedal Neeley and B. Sebastian Reiche, "How Global Leaders Gain Power Through Downward Deference and Reduction of Social Distance," *Academy of Management Journal* 65, no. 1 (2022): 11–34.
33. 「我們互調工作吧」：出處同上，17.
34. 「請相信我們」：出處同上，23.
35. 「我是專家」：出處同上。

36. 以美國海豹部隊爲例：Lindy Greer, interviewed by Frieda Klotz, "Why Teams Still Need Leaders," *MIT Sloan Management Review*, July 24, 2019, https://sloanreview.mit.edu/article/why-teams-still-need-leaders/.
37. 針對 10 家新創公司：Lindred L. Greer, Nicole Abi-Esber, and Charles Chu, "Hierarchical Flexing: How Start-Up Teams Dynamically Adapt Their Hierarchy to Meet Situational Demands," University of Michigan working paper, 2023; also see Lindy Greer, Francesca Gino, and Robert Sutton, "You Need Two Leadership Gears: Know When to Take Charge and When to Get Out of the Way," *Harvard Business Review*.
38. 「官僚主義必須消亡」：Gary Hamel, "Bureaucracy Must Die," *Harvard Business Review*, November 4, 2014, https://hbr.org/2014/11/bureaucracy-must-die.
39. 層級制是不可避免：本段摘自 Bob Sutton, "Hierarchy Is Good. Hierarchy Is Essential. And Less Isn't Always Better," LinkedIn, January 12, 2014, www.linkedin.com/pulse/20140112221140-15893932-hierarchy-is-good-hierarchy-is-essential-and-less-isn-t-always-better/.
40. 就能立刻看出地位高低：Deborah H. Gruenfeld and Larissa Z. Tiedens, "Organizational Preferences and Their Consequences," *Handbook of Social Psychology*, 2010.
41. 我們在《卓越，可以擴散》一書中所寫的：Sutton and Rao, *Scaling Up Excellence*, 108.
42. 馬克．鄧普頓：Adam Bryant, "Paint by Numbers or Connect the Dots," *New York Times*, September 22, 2012, www.nytimes.com/2012/09/23/business/mark-templeton-of-citrix-on-the-big-career-choice.html?_r=0.

第 5 章　加法病

1. 「我的狗屎是東西」："George Carlin Talks About Stuff," CappyNJ, May 1, 2007, www.youtube.com/watch?v=MvgN5gCuLac.
2. 「自利偏誤」：See, for example, Bruce Blaine and Jennifer Crocker, "Self-Esteem and Self-Serving Biases in Reactions to Positive and Negative Events: An Integrative Review," in *Self-Esteem: The Puzzle of Low Self-Regard*, ed. Roy F. Baumeister (New York: Springer, 1993), 55–85.
3. 「加法偏誤」：Adams et al., "People Systematically Overlook Subtractive," 258–61.
4. 三明治結構：Leidy Klotz, "Subtract: Why Getting to Less Can Mean Thinking More," *Behavioral Scientist*, April 12, 2021, https://behavioralscientist.org/subtract-why-getting-to-less-can-mean-thinking-more/.

5. 《減法的力量》：Klotz, *Subtract*.
6. 經濟學家羅伯特．馬丁：Jenny Rogers, "3 to 1: That's the Best Ratio of Tenure-Track Faculty to Administrators, a Study Concludes," *Chronicle of Higher Education*, November 1, 2012, www.chronicle.com/article/3-to-1-thats-the-best-ratio-of-tenure-track-faculty-to-administrators-a-study-concludes/?cid=gen_sign_in.
7. 對英國117所大學：Alison Wolf and Andrew Jenkins, "Managers and Academics in a Centralising Sector: The New Staffing Patterns of UK Higher Education," 2021, www.advance-he.ac.uk/knowledge-hub/managers-and-academics-centralising-sector-new-staffing-patterns-uk-higher-education.
8. 艾莉森的結論：Andrew Jack, "Are Universities Suffering from Management Bloat?" *Financial Times*, May 17, 2022, www.ft.com/content/338d7321-bc87-4573-885e-565f34a80b30.
9. 提摩西．德文尼：出處同上。
10. 〈公地悲劇〉：Garrett Hardin, "The Tragedy of the Commons: The Population Problem Has No Technical Solution; It Requires a Fundamental Extension in Morality," *Science* 162, no. 3859 (1968): 1243–48.
11. 麥可來當我們《摩擦》podcast的嘉賓時說：Bob Sutton, "The Basic Hygiene of Management, with Michael Dearing," *Friction* podcast on organizational culture, July 5, 2017, https://ecorner.stanford.edu/podcasts/the-basic-hygiene-of-management/.
12. 「淤泥稽核」：Cass R. Sunstein, "Sludge Audits," *Behavioural Public Policy* 6, no. 4 (2022): 654–73.
13. 找出「蠢事」：Lisa Bodell, "Get Rid of Stupid Workplace Rules in 30 Minutes," *Forbes*, February 28, 2018, www.forbes.com/sites/lisabodell/2018/02/28/get-rid-of-stupid-workplace-rules-in-30-minutes/?sh=5a1c62f12bb0.
14. 「擺脫蠢事」：Ashton, "Getting Rid of Stupid Stuff," 1789–91.
15. 會議重置：Hinds and Sutton, "Meeting Overload Is a Fixable Problem."
16. 30萬小時：Michael Mankins, "This Weekly Meeting Took Up 300,000 Hours a Year," *Harvard Business Review*, April 24, 2014, https://hbr.org/2014/04/how-a-weekly-meeting-took-up-300000-hours-a-year.
17. 統計了組織在績效管理上花費的時數：Buckingham and Goodall. "Reinventing Performance Management," 40–50.
18. 28%的時間：Michael Chui et al., "The Social Economy: Unlocking Value and Productivity Through Social Technologies," McKinsey Global Institute, July 1, 2012, www.mckinsey.com/industries/technology-media-and-telecommunications/our-insights/the-social-economy.

19. 團隊成員不得向其他團隊成員發送：”zzzMail,” Vynamic Inizio Advisory, https://vynamic.com/zzzmail/#:~:text=Vynamic’s%20motto%20is%20%E2%80%9CLife%20is,Sunday%2C%20and%20all%20Vynamic%20holidays.
20. 福利申請表：”Project Re:form.”
21. 身障兒童家庭：Sutton and Hoyt, “Better Service, Faster.”
22. 完美主義者的悖論：John Gall, *The Systems Bible: The Beginner’s Guide to Systems Large and Small* (Walker, Minn.: General Systemantics Press, 2002), 155.
23. 麗貝卡．海因茲在亞薩那工作創新實驗室的經歷：Hinds and Sutton, “Meeting Overload Is a Fixable Problem.”
24. 會議末日：Hinds and Sutton, “Dropbox’s Secret for Saving Time.”
25. 桑思坦告訴我們：Sunstein, *Sludge*, 20.
26. 提出了指導方針：Shalanda D. Young and Dominic J. Mancini, “Improving Access to Public Benefits Programs Through the Paperwork Reduction Act,” Office of Management and Budget, M-22-10, April 13, 2022, www.whitehouse.gov/wp-content/uploads/2022/04/M-22-10.pdf.
27. 桑思坦在推特上讚揚：我們剛寫完這本書沒多久，推特就重新命名爲 X。我們決定保留所有提及推特和推文的部分，因爲這是書中所有案例發生時，該公司和所有用戶使用的品牌名。
28. 唐納德．莫伊尼漢和潘蜜拉．赫德也這樣稱讚：Don Moynihan and Pamela Herd, “Transforming the Paperwork Reduction Act to Tackle Administrative Burden,” Substack, April 26, 2022, https://donmoynihan.substack.com/p/transforming-the-paperwork-reduction?s=w.
29. 簡單的減法準則：Donald Sull and Kathleen M. Eisenhardt, *Simple Rules: How to Thrive in a Complex World* (New York: Houghton Miffiin Harcourt, 2015).
30. 《簡單準則》：出處同上。
31. 治療的心臟病患者：Andrew M. Carton, Chad Murphy, and Jonathan R. Clark, “A (Blurry) Vision of the Future: How Leader Rhetoric About Ultimate Goals Influences Performance,” *Academy of Management Journal* 57, no. 6 (2014): 1544–70.
32. 「減半規則」：Klotz and Sutton. “Our To-Do Lists.”
33. 「破除舊習」：Kursat Ozenc and Margaret Hagan, *Rituals for Work: 50 Ways to Create Engagement, Shared Purpose, and a Culture That Can Adapt to Change* (Hoboken, N.J.: John Wiley & Sons, 2019), 203–4.
34. 「爲最近離職的人哀悼」：出處同上，208–9.
35. 接管貝波特碼頭後所領導的「革命」：Jeffrey Pfeffer and Robert I. Sutton, *The Knowing-*

Doing Gap: How Smart Companies Turn Knowledge into Action(Boston: Harvard Business Press, 2000), 98–102.

36. 「爛系統的沙皇」：Ryan Holmes, "Why This CEO Appointed an Employee to Change Dumb Company Rules," *Fast Company*, March 14, 2017, www.fastcompany.com/3068931/why-this-ceo-appointed-an-employee-to-change-dumb-company-rules.
37. 《卓越，可以擴散》：Sutton and Rao, *Scaling Up Excellence*.
38. 協作性工作：Robert L. Cross, *Beyond Collaboration Overload: How to Work Smarter, Get Ahead, and Restore Your Well-Being*(Boston: Harvard Business Review Press, 2021).
39. 哈佛商學院：Evan DeFilippis et al., "Collaborating During Coronavirus: The Impact of COVID-19 on the Nature of Work," Harvard Business School, Organizational Behavior Unit Working Paper No. 21-006, July 16, 2020, https:// ssrn.com/abstract=3654470.
40. 會議終結日：Hinds and Sutton, "Meeting Overload Is a Fixable Problem."
41. 「安靜時間」：Leslie A. Perlow, "The Time Famine: Toward a Sociology of Work Time," *Administrative Science Quarterly* 44, no. 1 (1999): 57–81.
42. 「非同步週」：Lisa Lee, "Can You Work Without Meetings? Salesforce Tried for Another Week," *360 Blog*, August 31, 2022, www.salesforce.com/blog/meeting-fatigue/.
43. 葛斯納上任後最先採取的行動：Louis V. Gerstner, *Who Says Elephants Can't Dance? Inside IBM's Historic Turnaround* (New York: HarperCollins, 2002), 90.
44. 賈伯斯於 1997 年重返蘋果公司：Steve Jobs, speech given at DeAnza College's Flint Center, Cupertino, Calif., May 6, 1998.
45. 針對製藥巨頭阿斯特捷利康：Rao and Makinen, "AstraZeneca: Scaling Simplification."
46. 10 週的 LaunchPad 課程："What Is LaunchPad?" https://www.LaunchPad.stanford.edu/.
47. 700 家新創企業：David Kirsch, Brent Goldfarb, and Azi Gera, "Form or Substance: The Role of Business Plans in Venture Capital Decision Making," *Strategic Management Journal* 30, no. 5 (2009): 487–515.
48. 《燒掉你的商業計畫書》：Carl J. Schramm, *Burn the Business Plan: What Great Entrepreneurs Really Do* (New York: Simon & Schuster, 2018).
49. 「情感信任」：Daniel J. McAllister, "Affect- and Cognition-Based Trust as Foundations for Interpersonal Cooperation in Organizations," *Academy of Management Journal* 38, no. 1 (1995): 24–59.
50. 表現得更好：See, for example, Claudia Bird Schoonhoven, Kathleen M. Eisenhardt, and Katherine Lyman, "Speeding Products to Market: Waiting Time to First Product Introduction in New Firms," *Administrative Science Quarterly* 35, no. 1 (1990): 177–207; Robert S. Huckman, Bradley R. Staats, and David M. Upton, "Team Familiarity, Role Experience,

and Performance: Evidence from Indian Software Services," *Management Science* 55, no. 1 (2009): 85–100; Robert S. Huckman and Gary P. Pisano, "The Firm Specificity of Individual Performance: Evidence from Cardiac Surgery," *Management Science* 52, no. 4 (2006): 473–88; and Brian Uzzi and Jarrett Spiro, "Collaboration and Creativity: The Small World Problem," *American Journal of Sociology* 111, no. 2 (2005): 447–504.

51. 迪恩・基斯・西蒙頓所記錄的：D. K. Simonton, "Creativity as Heroic: Risk, Success, Failure, and Acclaim," in *Creative Action in Organizations*, ed. Cameron M. Ford and Dennis A. Gioia (Newbury Park, Calif.: SAGE Publications, 1995), 88–93.
52. 「有效規則」：Leisha DeHart-Davis, "Green Tape: A Theory of Effective Organizational Rules," *Journal of Public Administration Research and Theory* 19, no. 2 (2009): 361–84.
53. 「可以給民眾看我們的程序」：出處同上，365.
54. 「如果人人都明白」：出處同上，374.

第 6 章　破碎的連結

1. 「癌症中心」：關於這項研究的資訊是根據梅麗莎進行這項研究並分析數據期間的一系列對話，以及據此提出的學術論文：Melissa A. Valentine, Steven M. Asch, and Esther Ahn, "Who Pays the Cancer Tax? Patients' Narratives in a Movement to Reduce Their Invisible Work," *Organization Science*, October 2022.
2. 忽視協調：Chip Heath and Nancy Staudenmayer, "Coordination Neglect: How Lay Theories of Organizing Complicate Coordination in Organizations," *Research in Organizational Behavior* 22 (2000): 153–91.
3. 「技術人」：Deborah Dougherty, "Interpretive Barriers to Successful Product Innovation in Large Firms," *Organization Science* 3, no. 2 (1992): 179–202.
4. 阻止德國潛艇襲擊：Eliot A. Cohen and John Gooch, *Military Misfortunes: The Anatomy of Failure in War* (New York: Simon & Schuster, 2012).
5. 阿克西・科塔里和安基特・古普塔：Sutton and Rao, *Scaling Up Excellence*, 102–3.
6. 實驗指出：Robert B. Cialdini, *Influence, New and Expanded: The Psychology of Persuasion* (New York: HarperCollins, 2021).
7. 微軟工程師所說：Herminia Ibarra and Aneeta Rattan, "Satya Nadella at Microsoft: Instilling a Growth Mindset," CS-18-008, London Business School, 2016.
8. 薩帝亞・納德拉剛上任：出處同上。
9. 納德拉上任後放的第一把火：出處同上。

10. 聲譽研究所：Julie Bort, "Microsoft's Reputation Is Soaring as Trust in the Tech Industry Flounders, According to New Research," *Business Insider*, November 19, 2019, www.businessinsider.com/microsoft-reputation-institute-soaring-research-2019-11.
11. 琳蒂在研究發現：Greer, Abi-Esber, and Chu, "Hierarchical Flexing."
12. 激起公憤和自豪感的目標：這些主張汲取自 Sutton and Rao, *Scaling Up Excellence*, 68–97。
13. 新軟體開發人員：See, for example, Gaurav G. Sharma and Klaas-Jan Stol, "Exploring Onboarding Success, Organizational Fit, and Turnover Intention of Software Professionals," *Journal of Systems and Software* 159 (2020): 110442.
14. 哈佛商學院新教師的入職培訓：有關入職培訓 START 計畫的資訊，來自 2022 年 8 月與一位不願透露姓名的哈佛商學院資深教師的一連串電子郵件和影片交流，他曾以新人、教師和導師身份參與該計畫。他審查了本節並提出了多項更正和建議。
15. 「第六層策略」：Michael Lewis, "Six Levels Down," *Against the Rules* (podcast), April 4, 2022, www.pushkin.fm/podcasts/against-the-rules/six-levels-down.
16. 主導修復 HealthCare.gov：Steven Levy, "America's Tech Guru Steps Down— but He's Not Done Rebooting the Government," *Wired*, August 28, 2014, www.wired.com/2014/08/healthcare-gov/.
17. 卡爾．利伯特：利伯特與蘇頓的私人交流，2022 年 10 月。
18. 講故事：Ian Tattersall, *Becoming Human: Evolution and Human Uniqueness* (New York: Houghton Miffiin Harcourt, 1999).
19. 阿埃塔約 300 名成員：Daniel Smith et al., "Cooperation and the Evolution of Hunter-Gatherer Storytelling," *Nature Communications* 8, no. 1 (2017): 1853.
20. 百思買執行長帶領公司轉虧爲盈：Hubert Joly, *The Heart of Business: Leadership Principles for the Next Era of Capitalism* (Boston: Harvard Business Press, 2021).
21. 「恐龍寶寶」：Shannon McLellan, "Best Buy Employees Perform 'Surgery' on 3-Year-Old's Beloved Toy Dinosaur," GMA, March 5, 2019, www.goodmorningamerica.com/family/story/best-buy-employees-perform-surgery-year-olds-beloved-61389519.
22. 吸引聽眾：Paul J. Zak, "Why Your Brain Loves Good Storytelling," *Harvard Business Review* 28 (2014): 1–5.
23. 這樣描述該計畫的：Valentine, Asch, and Ahn, "Who Pays the Cancer Tax?"
24. 盧迪．克雷斯波：Robert I. Sutton, *Good Boss, Bad Boss: How to Be the Best . . . and Learn from the Worst* (New York: Business Plus, 2010), 133–34.
25. 消防隊長：Karl E. Weick, "Puzzles in Organizational Learning: An Exercise in Disciplined Imagination," *British Journal of Management* 13, no. S2 (2002): S7–S15.

26. I-PASS 法：Amy J. Starmer et al., "Changes in Medical Errors After Implementation of a Handoff Program," *New England Journal of Medicine* 371, no. 19 (2014): 1803–12.
27. 複雜工作展開時：Beth A. Bechky and Gerardo A. Okhuysen, "Expecting the Unexpected? How SWAT Officers and Film Crews Handle Surprises," *Academy of Management Journal* 54, no. 2 (2011): 239–61.
28. 互惠性相依：Thompson, *Organizations in Action*.
29. 聚集性相依：Roger Schwarz, "Is Your Team Coordinating Too Much, or Not Enough?" *Harvard Business Review*, March 3, 2017, https://hbr.org/2017/03/is-your-team-coordinating-too-much-or-not-enough.
30. 急診室：Melissa A. Valentine and Amy C. Edmondson, "Team Scaffolds: How Mesolevel Structures Enable Role-Based Coordination in Temporary Groups," *Organization Science* 26, no. 2 (2015): 405–22.
31. 免於此類困擾：Adam Lashinsky, *Inside Apple: How America's Most Admired—and Secretive—Company Really Works* (New York: Business Plus, 2012).
32. 協作超載：Rob Cross, Scott Taylor, and Deb Zehner, "Collaboration Without Burnout," *Harvard Business Review* 96, no. 4 (2018): 134–37.
33. 快被炒魷魚的高階主管史考特：Cross, *Beyond Collaboration Overload*.

第 7 章　一氧化碳術語

1. 顧問所說的：See, for example, Aaron De Smet, Sarah Klienman, and Kirsten Weerda, "The Helix Organization," *McKinsey Quarterly*, October 3, 2019; and Aaron De Smet, Michael Lurie, and Andrew St. George, "Leading Agile Transformation: The New Capabilities Leaders Need to Build 21st-Century Organizations," McKinsey & Company, 2018, 1–27.
2. 跨步垂直兩足行走：Zachariah C. Brown, Eric M. Anicich, and Adam D. Galinsky, "Compensatory Conspicuous Communication: Low Status Increases Jargon Use," *Organizational Behavior and Human Decision Processes* 161 (2020): 274–90.
3. 新產品的描述：Laura J. Kornish and Sharaya M. Jones, "Raw Ideas in the Fuzzy Front End: Verbosity Increases Perceived Creativity," *Marketing Science* 40, no. 6 (2021): 1106–22.
4. 「合弄制的黃金法則」：Marshall Hargrave, "Holacracy Meaning, Origins, How It Works," *Investopedia*, December 27, 2022, www.investopedia.com/terms/h/holacracy.asp.
5. 「實行合弄制」："Who's Practicing Holacracy?," Holacracy.org, www.holacracy.org/whos-

practicing-holacracy.

6. 「不是愛上它，就是厭惡它」：Diederick Janse, "Holacracy: A Framework, Not a Blueprint," *Corporate Rebels*, April 6, 2022, www.corporate-rebels.com/blog/holacracy-a-framework-not-a-blueprint.
7. 這兩個版本：HolacracyOne, "Holacracy Constitution: Version 5.0," www.holacracy.org/constitution/5. 請注意，我們在 2022 年 10 月下載了此版本。我們也在 2015 年下載了 2.1 版本，本段借鑑了該版本，但該版本似乎不再提供下載。
8. 「麻醉了一部分大腦」：George Orwell, "Politics and the English Language," in *The Collected Essays, Journalism, and Letters of George Orwell*, vol. 4: *In Front of Your Nose*, 1945–1950, ed. Sonia Orwell and Ian Angus (New York: Harcourt, Brace & World, 1968). Also available at www.orwell.ru/library/essays/politics/english/e_polit.
9. 「合弄制導入師」：Jen Palmer, "Boss-Free Remote Work," *Medium*, August 15, 2022, https://blog.holacracy.org/boss-free-remote-work-568b4b53d93d.
10. 「阻礙了積極主動的態度」：Andy Doyle, "Management and Organization at Medium," *Medium*, May 4, 2016, https://blog.medium.com/management-and-organization-at-medium-2228cc9d93e9.
11. Zappos 陷入困境：Molly Lipson, "It's Time to Get Rid of Managers. All of Them," *Business Insider*, May 12, 2022, www.businessinsider.com/great-resignation-get-rid-of-middle-managers-holacracy-2022-5.
12. 合弄制共同開發人：Brian Robertson, "An Impersonal Process," *Medium*, January 2, 2014, https://blog.holacracy.org/an-impersonal-process-b618fc93b988.
13. 做出大量刪改：See, for example, Brian Robertson, "Part 2: Holacracy Constitution 5.0," September 13, 2018, https://m.facebook.com/HolacracyOne/videos/part-2-holacracy-constitution-50-brian-robertson-open-source-constitution-on-git/1858663140897782/?_se_imp=10n57xnEmpaChnB4D.
14. 2005 年的暢銷書：Harry G. Frankfurt, *On Bullshit* (Princeton, N.J.: Princeton University Press, 2005).
15. 「不斷發展的『廢話學』領域」：André Spicer, "Playing the Bullshit Game: How Empty and Misleading Communication Takes over Organizations," *Organization Theory* 1, no. 2 (2020): 2631787720929704.
16. 將此類言論定義爲：André Spicer, "Shooting the Shit: The Role of Bullshit in Organizations," *Management* 5 (2013): 653–66; also see André Spicer, *Business Bullshit* (New York: Routledge, 2017).
17. 這類廢話對於說的人和聽的人：Lars Thøger Christensen, Dan Kärreman, and Andreas

Rasche, “Bullshit and Organization Studies,” *Organization Studies* 40, no. 10 (2019): 1587–1600.

18. 對廢話的接受性研究：Gordon Pennycook et al., “On the Reception and Detection of Pseudo-Profound Bullshit,” *Judgment and Decision Making* 10, no. 6 (2015): 549–63.
19. 億滋國際：Tiffany Hsu and Sapna Maheshwari, “’Thumb-Stopping,’ ‘Humaning,’ ‘B4H’: The Strange Language of Modern Marketing,” *New York Times*, November 25, 2020, www.nytimes.com/2020/11/25/business/media/thumb-stopping-humaning-b4h-the-strange-language-of-modern-marketing.html.
20. 史派瑟提到：Spicer, “Playing the Bullshit Game,” 2631787720929704, 7.
21. 「布蘭多利尼定律」：Andrew Gelman, “The Bullshit Asymmetry Principle,” *Statistical Modeling, Causal Inference, and Social Science*, January 28, 2019, https://statmodeling.stat.columbia.edu/2019/01/28/bullshit-asymmetry-principle/.
22. 「冠軍混淆長」：Lucy Kellaway, “The First Word in Mangled Meaning,” *Financial Times*, January 6, 2013, www.ft.com/content/86f0383a-54f6-11e2-89e0-00144feab49a.
23. 圈內人的行話：Ronald S. Burt and Ray E. Reagans, “Team Talk: Learning, Jargon, and Structure Versus the Pulse of the Network,” *Social Networks* 70 (2022): 375–92.
24. 紐約消防局：Rich Calder, Susan Edelman, and Larry Celona, “Oops! FDNY Contractor Presses Wrong Button, Shuts Down NYC’s Emergency Dispatch System,” *New York Post*, October 15, 2022, https://nypost.com/2022/10/15/fdny-contractor-presses-wrong-button-shuts-down-emergency-dispatch-system/.
25. 速記術語：Roberto A. Weber and Colin F. Camerer, “Cultural Conflict and Merger Failure: An Experimental Approach,” *Management Science* 49, no. 4 (2003): 400–415.
26. 大型投資銀行：Gillian Tett, “Silos and Silences,” *FSR Financial*, July 2010, 121.
27. 借重通才的力量：David Epstein, *Range: Why Generalists Triumph in a Specialized World* (New York: Penguin, 2021).

28 通用汽車公司執行長：”How GM’s Mary Barra Drives Value,” Knowledge at Wharton, May 3, 2018, https://knowledge.wharton.upenn.edu/article/how-gms-mary-barra-drives-value/.

29. 紐西蘭 60 名慢性病患：M. Wernick et al., “A Randomised Crossover Trial of Minimising Medical Terminology in Secondary Care Correspondence in Patients with Chronic Health Conditions: Impact on Understanding and Patient Reported Outcomes,” *Internal Medicine Journal* 46, no. 5 (2016): 596–601.
30. 「隨機分散的想法」：Daniel Kahneman, Olivier Sibony, and Cass R. Sunstein, *Noise: A Flaw in Human Judgment* (New York: Little Brown, 2021).

31. 「敏捷軟體開發宣言」：Kent Beck et al., "Manifesto for Agile Software Development," February 2001, https://agilemanifesto.org/.
32. 105 張投影片：Craig Smith, "Scrum Australia 2014: 40 Agile Methods in 40 Minutes," Craig Smith: Australian Agile Coach & IT Professional, October 21, 2014, https://craigsmith.id.au/2014/10/21/scrum-australia-2014-40-agile-methods-in-40-minutes/; also see Craig Smith, "40 Agile Methods Goes Viral," Craig Smith: Australian Agile Coach & IT Professional, December 1, 2021, https://craigsmith.id.au/2021/01/12/40-agile-methods-goes-viral/.
33. 具體的語言：Jonah Berger and Grant Packard, "Wisdom from Words: The Psychology of Consumer Language," *Consumer Psychology Review*, 2023 (forthcoming).
34. 現在式：Grant Packard, Jonah Berger, and Reihane Boghrati. "How Verb Tense Shapes Persuasion," *Journal of Consumer Research*, January 23, 2023, https://doi.org/10.1093/jcr/ucad006.
35. 自己選擇參與：Cialdini, *Influence, New and Expanded*.
36. 感官性的比喻：Ezgi Akpinar and Jonah Berger, "Drivers of Cultural Success: The Case of Sensory Metaphors," *Journal of Personality and Social Psychology* 109, no. 1 (2015): 20.
37. 視爲一段過程：Szu-Chi Huang and Jennifer Aaker, "It's the Journey, Not the Destination: How Metaphor Drives Growth After Goal Attainment," *Journal of Personality and Social Psychology* 117, no. 4 (2019): 697.
38. 閱讀和聆聽：For example, "Paul O'Neill, CEO of Alcoa—It's All About Safety," Charter Partners, June 12, 2015, www.youtube.com/watch?v=tC2ucDs_XJY; Fareed Zakaria, "Paul O'Neill Interview, Worker Safety at ALCOA," *Tough Decisions*, CNN, May 29, 2014, www.youtube.com/watch?v=56a3-Sc65M8.
39. 集中火力於安全的天才之處：David Burkus, "How Paul O'Neill Fought for Safety at Alcoa," David Burkus, April 28, 2020, https://davidburkus.com/2020/04/how-paul-oneill-fought-for-safety-at-alcoa/.

第 8 章　躁進與狂亂

1. 死亡人數中有 29%：NHSTA, U.S. Department of Transportation, "Speeding," www.nhtsa.gov/risky-driving/speeding.
2. 「推進的目標」：Dana Kanze, Mark A. Conley, and E. Tory Higgins, "The Motivation of Mission Statements: How Regulatory Mode Influences Workplace Discrimination," *Organizational Behavior and Human Decision Processes* 166 (2021): 84–103.

3. 人力資源部門的繁重事務：Farhad Manjoo, "Zenefits' Leader Is Rattling an Industry, So Why Is He Stressed Out?" *New York Times*, September 20, 2014, www.nytimes.com/2014/09/21/business/zenefits-leader-is-rattling-an-industry-so-why-is-he-stressed-out.html.
4. 拉爾斯的反應是：Claire Suddath and Eric Newcomer, "Zenefits Was the Perfect Startup. Then It Self-Disrupted," Bloomberg, May 9, 2016, www.bloomberg.com/features/2016-zenefits/.
5. 顧客抱怨說：William Alden, "How Zenefits Crashed Back Down to Earth," *Buzzfeed*, February 18, 2016, www.buzzfeednews.com/article/williamalden/how-high-flying-zenefits-fell-to-earth.
6. Francisco Partners 收購：Amy Feldman, "Zenefits, Once Worth $4.5 billion, Does Deal with Private-Equity Firm That Gives It Control," March 18, 2021, *Forbes*, www.forbes.com/sites/amyfeldman/2021/03/18/zenefits-once-worth-45-billion-does-deal-with-private-equity-firm-that-gives-it-control/?sh=48746d8c3873. Also: TriNet, "TriNet Completes Acquisition of Zenefits," February 15, 2022. https://www.trinet.com/about-us/news-press/press-releases/trinet-completes-acquisition-of-zenefits.
7. 蓋洛普：Ben Wigert and Sangeeta Agrawal, "Employee Burnout, Part 1: The 5 Main Causes," July 12, 2018, Gallup, www.gallup.com/workplace/237059/employee-burnout-part-main-causes.aspx.
8. 神學院的學生：John M. Darley and C. Daniel Batson, "'From Jerusalem to Jericho': A Study of Situational and Dispositional Variables in Helping Behavior," *Journal of Personality and Social Psychology* 27, no. 1 (1973): 100.
9. 「沒有時間表現友善」：Christine Porath, *Mastering Civility: A Manifesto for the Workplace* (Sanger, Calif.: Balance, 2016).
10. 衡量「不當督導」的指標：Bennett J. Tepper, "Consequences of Abusive Supervision," *Academy of Management Journal* 43, no. 2 (2000): 178–90.
11. 不當對待下屬：Bennett J. Tepper, Lauren Simon, and Hee Man Park, "Abusive Supervision." *Annual Review of Organizational Psychology and Organizational Behavior* 4 (2017): 123–52.
12. 睡眠品質不佳：Christopher M. Barnes et al., "'You Wouldn't Like Me When I'm Sleepy': Leaders' Sleep, Daily Abusive Supervision, and Work Unit Engagement," *Academy of Management Journal* 58, no. 5 (2015): 1419–37.
13. 時間匱乏：Maria Konnikova, "No Money, No Time," *New York Times*, June 13, 2014, https://archive.nytimes.com/opinionator.blogs.nytimes.com/2014/06/13/no-clocking-out/.

14. 《Buzzfeed》所報導的：Alden, "How Zenefits Crashed Back Down."
15. 9,000則日常記事：Teresa M. Amabile, Constance N. Hadley, and Steven J. Kramer, "Creativity Under the Gun," *Harvard Business Review* 80 (2002): 52–63.
16. 「組織債」：Steve Blank, "Organizational Debt Is like Technical Debt—but Worse," *Steve Blank*, May 19, 2015, https://steveblank.com/2015/05/19/organizational-debt-is-like-technical-debt-but-worse/.
17. 對 Uber 的案例研究：Rao, Sutton, and Makinen, *Uber*.
18. 仍在持續虧損：For a summary of Uber's financial performance through September 2022, see "Uber Technologies Net Income, 2017–2022," Macrotrends, www.macrotrends.net/stocks/charts/UBER/uber-technologies/net-income.
19. 創紀錄的營收：Kellen Browning, "Uber Reports Record Revenue as It Defies the Economic Downturn," *New York Times*, February 8, 2023, www.nytimes.com/2023/02/08/business/uber-revenue.html.
20. 達 拉 指 出：https://www.reuters.com/markets/us/uber-confident-profit-ride-sharing-makes-strong-start-2023-2023-05-02/.
21. 使用事前驗屍：Gary Klein, "Performing a Project Premortem," *Harvard Business Review* 85, no. 9 (2007): 18–19; Tim Koller, Dan Lovallo, and Gary Klein, "Bias Busters: Premortems: Being Smart at the Start," *McKinsey Quarterly*, 2019.
22. 「回到未來」：Madison Singell et al., "Back to the Future: A 'Lab-in-the-Field' Experiment on Mental Time Travel and Collective Action in Startup Teams," working paper, Graduate School of Business, Stanford University, 2021.
23. 停下來提問：See Jennifer L. Eberhardt, *Biased: Uncovering the Hidden Prejudice That Shapes What We See, Think, and Do* (New York: Penguin, 2020); and Jennifer L. Eberhardt, "How Racial Bias Works—and How to Disrupt It," *TED: Ideas Worth Spreading*, June 22, 2020, www.ted.com/talks/jennifer_l_eberhardt_how_racial_bias_works_and_how_to_disrupt_it?language=en.
24. 十萬家園運動：Sarah Soule et al., "The 100,000 Homes Campaign," case L30 (Stanford, Calif.: Stanford Graduate School of Business, 2016).
25. 帕 克 在 Rippling 的 做 法：Connie Lozios, "Parker Conrad's Rippling Is Now Valued at $6.5 billion—More Than Zenefits at Its Peak," TechCrunch, October 21, 2021, https://techcrunch.com/2021/10/21/parker-conrads-rippling-is-now-valued-at-6-5-billion-more-than-zenefits-at-its-peak/#:~:text=Startups-,Parker%20Conrad's%20Rippling%20is%20now%20valued%20at%20%246.5%20billion,than%20Zenefits%20at%20its%20peak&text=Founded%20by%20entrepreneur%20Parker%20Conrad,%244.5%20billion%20

within%20three%20years.
26. 市值爲 112.5 億美元：Sophia Kunthara, "Parker Conrad's Rippling Reaches $11.25B Valuation with Series D," *Crunchbase News*, May 11, 2022, https://news.crunchbase.com/startups/rippling-hr-funding-parker-conrad-zenefits/.
27. 所有新進員工：Hayagreeva Rao and Robert Sutton, "From a Room Called Fear to a Room Called Hope: A Leadership Agenda for Troubled Times," *McKinsey Quarterly*, 2020, www.mckinsey.com/featured-insights/leadership/from-a-room-called-fear-to-a-room-called-hope-a-leadership-agenda-for-troubled-times.
28. 「團隊重新啓動」：Tsedal Neeley, *Remote Work Revolution: Succeeding from Anywhere* (New York: Harper Business, 2021).
29. 凱瑟琳・維爾西奇："Team Refresh | Energy, Focus and Progress for Your Team," Teamraderie, www.teamraderie.com/experiences/virtual-team-refresh/.
30. 「步調一致」：See, for example, Scott S. Wiltermuth and Chip Heath, "Synchrony and Cooperation," *Psychological Science* 20, no. 1 (2009): 1–5; and Piercarlo Valdesolo, Jennifer Ouyang, and David DeSteno, "The Rhythm of Joint Action: Synchrony Promotes Cooperative Ability," *Journal of Experimental Social Psychology* 46, no. 4 (2010): 693–95.
31. 約翰・利里是 Mozilla 的前執行長：John Lilly, "Cadence in Organizations," *Medium*, February 28, 2017, https://news.greylock.com/cadence-in-organizations-78a4b1637f12.
32. 「突發性溝通」：Christoph Riedl and Anita Williams Woolley, "Teams vs. Crowds: A Field Test of the Relative Contribution of Incentives, Member Ability, and Emergent Collaboration to Crowd-Based Problem Solving Performance," *Academy of Management Discoveries* 3, no. 4 (2017): 382–403.
33. 「峰終定律」：Daniel Kahneman et al., "When More Pain Is Preferred to Less: Adding a Better End," *Psychological Science* 4, no. 6 (1993): 401–5.
34. 「驚喜清單」：Gretchen Rubin, "To-Do List Alternatives," *Gretchen Rubin*, November 21, 2021, https://gretchenrubin.com/articles/alternatives-to-to-do-list/.
35. 「掃更衣室」儀式：James Kerr, *Legacy: What the All Blacks Can Teach Us About the Business of Life* (New York: Hachette, 2013).
36. 盛大的慶祝午餐：Caroline Copley and Ben Hirschler, "For Roche CEO, Celebrating Failure Is the Key to Success," Reuters, September 17, 2014, www.reuters.com/article/us-roche-ceo-failure/for-roche-ceo-celebrating-failure-is-key-to-success-idUKKBN0HC16N20140917.
37. 解雇了 400 多名員工：Ben Bergman, "'It Felt like a Black Mirror Episode': The Inside Account of How Bird Laid Off 406 People in Two Minutes via a Zoom Webinar," *dot.LA*,

April 1, 2020, https://dot.la/bird-layoffs-meeting-story-2645612465.html.
38. 向 Airbnb 員工發送了一份備忘錄：Brian Chesky, "A Message from Co-founder and CEO Brian Chesky," *Airbnb*, May 5, 2020, https://news.airbnb.com/a-message-from-co-founder-and-ceo-brian-chesky/.
39. 正如《Inc.》所報導的：Jason Aten, "Lessons Behind Airbnb's CEO Email About Laying Off 1,900 Workers,"*Inc.*, May 6, 2020, www.inc.com/jason-aten/lessons-behind-airbnb-ceos-email-about-laying-off-1900-workers.html.
40. 被媒體口誅筆伐：Bani Sapra, "Bird Employees Say They Were Locked out of Their Email and Slack Accounts as They Were Told Their Jobs Were Gone," *Business Insider*, April 2, 2020, www.businessinsider.com/bird-employees-locked-out-of-emails-layoffs-2020–4.

第 9 章　你的摩擦計畫

1. 麥可 · 布倫南：See Melinda French Gates, "A 1,000-Question Form Stood Between People and Their Safety Net Benefits. These Advocates Designed a Better Approach," *Bill & Melinda Gates Foundation*, October 5, 2022, www.gatesfoundation.org/ideas/articles/improving-lives-economic-mobility-opportunity; and Terry Beurer, "You Can't Learn by Just Sitting in Your Chair" (interview), Civilla, https://civilla.org/stories/interview-terry-beurer.
2. 大衛 · 諾瓦克：Sutton and Rao, *Scaling Up Excellence*, 144.
3. 近乎頑強地：See Ibarra and Rattan, "Satya Nadella at Microsoft"; Todd Bishop, "Exclusive: Satya Nadella Reveals Microsoft's New Mission Statement, Sees 'Tough Choices' Ahead," *GeekWire*, June 25, 2015, www.geekwire.com/2015/exclusive-satya-nadella-reveals-microsofts-new-mission-statement-sees-more-tough-choices-ahead/.
4. 「直接負責人」：See Lashinsky, *Inside Apple*; "What Are Directly Responsible Individuals? How to Set Up DRI Models?" Cloud Tutorial, 2023, www.thecloudtutorial.com/directly-responsible-individuals/#:~:text=Conclusion-,What%20is%20a%20Directly%20Responsible%20Individual%20(DRI)%3F,keeping%20the%20project%20on%20track.
5. 60-30-10 法則：J. Richard Hackman, *Collaborative Intelligence: Using Teams to Solve Hard Problems*(Oakland, Calif.: Berrett-Koehler, 2011).
6. 美國鋁業公司執行長保羅 · 歐尼爾：Paul H. O'Neill, Sr., *A Playbook for Habitual Excellence: A Leader's Roadmap from the Life and Work of Paul H. O'Neill, Sr.* (Value Capture, 2020).
7. 雪莉 · 辛格：Bob Sutton, "Productive Paranoia: Lights, Camera . . . Anxiety," *Friction*, season

2, episode 4, June 20, 2018, https://ecorner.stanford.edu/podcasts/productive-paranoia-lights-camera-anxiety/.

8. 專注於手段而不是目的：Huang and Aaker, "It's the Journey," 697; Patrick Kiger, "Redefining Success: Adopt the Journey Mindset to Move Forward, *Stanford Business*, August 30, 2019, www.gsb.stanford.edu/insights/redefining-success-adopt-journey-mindset-move-forward.
9. 賈伯斯說：Mark Gurman, "Steve Jobs Legacy Lives on at Apple Campus with Posters and Quotes," *9to5Mac*, January 9, 2012, https://9to5mac.com/2012/01/29/steve-jobs-legacy-lives-on-at-apple-campus-with-posters-and-quotes/.
10. 專注於過程，而不是目的地：Eugen Herrigel, *Zen in the Art of Archery* (Digital Fire, 2021).
11. 蜜雪兒的研究：Michele Gelfand, *Rule Makers, Rule Breakers: Tight and Loose Cultures and the Secret Signals That Direct Our Lives* (New York: Scribner, 2019).
12. 與 36 隻老鼠生活在一起："How Do Disney and Pixar Come Up with Those Ingenuous Stories? Through Research and Development," *No Film School*, November 9, 2016, https://nofilmschool.com/2016/11/how-research-and-development-drive-story-creation-disney-pixar.
13. 「太空山」：Dan Heaton, "Former Disney Imagineer Bill Watkins on Designing Space Mountain," *Tomorrow Society*, August 22, 2018, https://tomorrowsociety.com/disney-imagineer-bill-watkins/.
14. 「玩偶理論」：Dahlia Lithwick, "Chaos Theory: A Unified Theory of Muppet Types," *Slate*, June 8, 2012, https://slate.com/human-interest/2012/06/chaos-theory.html.
15. 「非官僚性格」：Leisha DeHart-Davis, "The Unbureaucratic Personality," *Public Administration Review* 67, no. 5 (2007): 892–903.
16. 職場正義魔人：Katherine A. DeCelles and Karl Aquino, "Dark Knights: When and Why an Employee Becomes a Workplace Vigilante," *Academy of Management Review* 45, no. 3 (2020): 528–48.
17. 做爲自身缺乏威望的報復：Nathanael J. Fast, Nir Halevy, and Adam D. Galinsky, "The Destructive Nature of Power Without Status," *Journal of Experimental Social Psychology* 48, no. 1 (2012): 391–94.
18. 「失敗是所費不高」：Jeff Bezos, "To Our Shareholders," Amazon, April 2015, www.sec.gov/Archives/edgar/data/1018724/000119312515144741/d895323dex991.htm; Jeff Hayden, "Amazon Founder Jeff Bezos: This Is How Successful People Make Such Smart Decisions," Inc., December 3, 2018, www.inc.com/jeff-haden/amazon-founder-jeff-bezos-this-is-how-successful-people-make-such-smart-decisions.html.

19. 安德森實施了重大變革：Sutton, "CEO Who Led a Turnaround."
20. 有太多人粗魯無禮時：Porath, *Mastering Civility*.
21. 「禮貌是組織的潤滑劑」：Peter Ferdinand Drucker, *Managing Oneself* (Boston: Harvard Business Review Press, 2008), 8–9.
22. 克莉絲汀的建議：Christine Porath, "Frontline Work When Everyone Is Angry," *Harvard Business Review*, November 9, 2022, https://hbr.org/2022/11/frontline-work-when-everyone-is-angry.
23. WD-40 執行長：Chris Benguhe and RaeAnne Marsh, "For Former WD-40 CEO, Caring Oils the Wheels of Management," *International Business Times*, December 9, 2022, www.ibtimes.com/former-wd-40-ceo-caring-oils-wheels-management-3644876.
24. 「濫情同理」：Kim Scott, *Radical Candor: Fully Revised & Updated Edition: Be a Kick-Ass Boss Without Losing Your Humanity* (New York: St. Martin's Press, 2019).
25. 「友伴愛」：Sigal G. Barsade and Olivia A. O'Neill, "What's Love Got to Do with It? A Longitudinal Study of the Culture of Companionate Love and Employee and Client Outcomes in a Long-Term Care Setting," *Administrative Science Quarterly* 59, no. 4 (2014): 551–98.
26. Devoted Health：Kevin Truong, "Why Devoted Health Has Put Family at the Center of Its Mission," *MedCity News*, January 7, 2019, https://medcitynews.com/2019/01/why-devoted-health-has-put-family-at-the-center-of-its-mission/; Robert I. Sutton, "The Fixers Presents: Todd Park," Stanford Online interview, February 1, 2022, https://event.on24.com/wcc/r/4093006/C652E63E63BB403B4BEA98D598166C9E.
27. 史宗瑋：與羅伯·蘇頓的私人交流，2022 年 12 月 22 日及 2023 年 1 月 24 日。

Eurasian Publishing Group
圓神出版事業機構
用心與你對話・視野無限寬廣
先覺出版社
Prophet Press

www.booklife.com.tw reader@mail.eurasian.com.tw

商戰系列 249

摩擦計畫

史丹佛教授的零內耗管理，讓正確事變簡單、錯誤事變難

作　　者／羅伯・蘇頓（Robert I. Sutton）、哈吉・拉奧（Huggy Rao）
譯　　者／蔡丹婷
發 行 人／簡志忠
出 版 者／先覺出版股份有限公司
地　　址／臺北市南京東路四段50號6樓之1
電　　話／（02）2579-6600・2579-8800・2570-3939
傳　　真／（02）2579-0338・2577-3220・2570-3636
副 社 長／陳秋月
副總編輯／李宛蓁
責任編輯／林淑鈴
校　　對／劉珈盈・林淑鈴
美術編輯／林韋伶
行銷企畫／陳禹伶・黃惟儂
印務統籌／劉鳳剛・高榮祥
監　　印／高榮祥
排　　版／莊寶鈴
經 銷 商／叩應股份有限公司
郵撥帳號／18707239
法律顧問／圓神出版事業機構法律顧問　蕭雄淋律師
印　　刷／祥峰印刷廠
2024年11月　初版

The Friction Project: How Smart Leaders Make the Right Things Easier and the Wrong Things Harder

定價 450 元　ISBN 978-986-134-512-3

如果我們認定每一個複雜的問題都需要繁雜的解法，就會試圖直接處理障礙，因而無法將「本質複雜性」從「偶然複雜性」中離析出來。世界有些最棘手的挑戰之所以複雜，是因爲挑戰不斷演化與交纏，極力面面俱到的解決者注定功虧一簣。

——《變通思維：劍橋大學、比爾蓋茲、IBM都推崇的四大問題解決工具》

國家圖書館出版品預行編目資料

摩擦計畫：史丹佛教授的零內耗管理，讓正確事變簡單、錯誤事變難／羅伯・蘇頓（Robert I. Sutton）、哈吉・拉奧（Huggy Rao）著；蔡丹婷 譯
-- 初版. -- 臺北市：先覺出版股份有限公司，2024.11

368 面；14.8×20.8公分 --（商戰系列：249）
譯自：The Friction Project: How Smart Leaders Make the Right Things Easier and the Wrong Things Harder
ISBN 978-986-134-512-3（平裝）
1.CST：衝突管理　2.CST：組織管理

494.2　　113014482